企業訴訟実務問題シリーズ
COMMERCIAL LITIGATION

森・濱田松本法律事務所[編]
弁護士 山崎良太・川端健太・長谷川 慧[著]

Environment Litigation

環境訴訟

中央経済社

はしがき

　環境訴訟というと，多くの方には馴染みが薄い分野であり，四大公害病訴訟のような，社会科の授業で習った事件を想起する方が多いかもしれない。
　しかし，環境分野の訴訟は，科学技術の進歩や人格権・環境権といった新しい人権概念の発展，土壌汚染対策法といった法令の整備等によって，過去には想定されなかったような新しい紛争が増え続けている分野である。耳目を集める新しい裁判例も多い。

　住民が電力会社に対して提起した原子力発電所の運転差止仮処分が認められた事案が新聞報道等を賑わしたのも記憶に新しい。ひとたび企業が工場や事業所等について差止請求を受け，これが認められてしまうと，事業活動の停止を余儀なくされ，ひいては企業の経営・存続そのものに深刻な懸念が生じる事態となりかねない。

　また，環境分野の訴訟は，数多くの住民等から巨額の損害賠償請求が求められる事案が多い。土壌汚染等による企業間の損害賠償請求も，同様に巨額の請求となる。現在の日本の法制度を前提とするとアメリカほどの巨額の損害賠償金が認められることはないが，それでも多額の賠償金負担が課せられるおそれがある。加えて，環境に関する訴訟が提起されること自体，レピュテーション上のリスクの大きさは計り知れない。

　製造業やエネルギー関連等の事業会社が長く事業を営んでいれば，住民等から何らかの差止請求等を受ける状況に直面することがある。不動産や建設関連の事業会社であれば，日常的に建築差止請求に関する各種手続（審査請求，仮処分等）を受けることも多い。環境訴訟は，企業活動に関して看過できないリスクが生じる分野であり，だからこそ，日頃から十分な理解と想定を積み重ねておく必要があるといえる。

はしがき

　本書は，第1章で環境訴訟全般を概説したうえで，第2章では環境に関する損害賠償請求訴訟，第3章では環境に関する差止請求の類型ごとに，裁判例や実務的なポイントについて解説している。環境分野の訴訟に特化して，企業担当者や法曹実務家向けに概説した類書はあまりなく，同分野の訴訟や仮処分等を提起された場合はもちろんのこと，事業に伴うリスク分析や備えにも役立ててもらうことを想定している。本書が多くの企業担当者や実務家のお役に立てば幸いである。

　最後に，本書の執筆にあたっては，株式会社中央経済社の川副美郷氏に，校正その他について多大なご尽力をいただいた。この場をお借りしてお礼申し上げる。

　平成29年3月

執筆者を代表して
弁護士　山崎　良太

目　次

第1章　環境訴訟・序論

第1節　はじめに ― 2
1. 環境訴訟とは／2
2. 本書の取り扱う環境訴訟／3

第2節　環境訴訟の特色 ― 5
1. 民事訴訟だけでなく，行政訴訟・不服審査請求が企業活動に影響する／5
2. 環境民事訴訟の特徴―判例の重要性と住民側による立証の緩和／8

第2章　損害賠償請求訴訟

第1節　概　説 ― 12

第2節　紛争の類型 ― 13
1. 契約当事者間における紛争／13
2. 契約当事者間以外の紛争／14

第3節　契約当事者間における紛争 ― 16
1. 瑕疵担保責任／16
2. 債務不履行責任／30
3. 不法行為責任／33
4. 表明保証違反／34

目　次

第4節　契約当事者間以外の紛争 ―――――――――――― 36

- 1　不法行為責任／36
- 2　共同不法行為責任／47
- 3　工作物責任／60
- 4　将来の損害賠償請求／61
- 5　特別法の規定／66
- 6　過失相殺・類推適用／70
- 7　賠償額の減額調整／71
- 8　期間制限／71

第3章　差止訴訟

第1節　概　　説 ――――――――――――――――― 74

第2節　差止訴訟の概要 ―――――――――――――― 76

- 1　差止請求の法的根拠／76
- 2　差止請求の内容（請求の趣旨）／77
- 3　差止めの要件／79
- 4　差止めの判断基準／80
- 5　因果関係についての立証責任／81
- 6　民事差止請求に対する法的制約
  ―大阪国際空港事件による「不可分一体論」／82
- 7　文書提出命令等／83
- 8　複数汚染源の差止め／83

第3節　差止めの仮処分 ―――――――――――――― 85

- 1 仮処分命令の発令要件／85
- 2 仮処分命令申立ての審理／86
- 3 担保（保証金）／87
- 4 不服申立手続／88
- 5 起訴命令制度／88

第4節　差止請求の論点
　　　　　―日照妨害を理由とする建築差止め事案を例に ─── 89

- 1 日影規制／89
- 2 日照権と受忍限度論／91
- 3 建築禁止仮処分命令申立てにおける主張と立証／92
- 4 仮処分における和解／94
- 5 関連裁判例―建築工事禁止仮処分申立事件／98
- 6 建築確認に対する行政上の不服申立て・行政訴訟／100

第5節　景観侵害 ─────────────── 105

- 1 景観の保護／105
- 2 裁判例―国立マンション事件／105
- 3 国立マンション事件後の景観利益に関する裁判例／115

第6節　眺望侵害 ─────────────── 118

- 1 眺望利益の保護／118
- 2 裁判例―建物建築禁止仮処分命令申立事件／119

第7節　騒　　音 ─────────────── 124

- 1 騒音に関する規制／124
- 2 騒音における受忍限度論／127
- 3 裁判例―配送センターおよび冷凍基地施設の操業による騒音差止請求事件／127
- 4 裁判例―スポーツセンターから発生する騒音の差止請求事件／131

第8節　大気汚染 ——————————————— 136

1. 大気汚染防止法の概要／136
2. 裁判例—東京大気汚染公害差止等請求事件／140

第9節　水質汚濁 ——————————————— 148

1. 水質汚濁防止法の概要／148
2. 裁判例—牛深市し尿処理場事件／150

第10節　廃棄物処理施設 ——————————— 155

1. 廃棄物処理法の概要／155
2. 裁判例—産業廃棄物最終処分場建設・操業等差止請求事件／158

事項索引 ——————————————————— 163
判例索引 ——————————————————— 166

> 凡　例

■**法令等**

廃棄物処理法：廃棄物の処理及び清掃に関する法律
廃棄物処理法施行令：廃棄物の処理及び清掃に関する法律施行令
廃棄物処理法施行規則：廃棄物の処理及び清掃に関する法律施行規則

■**判例集・雑誌**

民集：最高裁判所民事判例集
民録：大審院民事判決録
訟月：訟務月報
判時：判例時報
判タ：判例タイムズ
金判：金融・商事判例
ジュリ：ジュリスト

■**主な文献**

大塚：大塚直『環境法（第3版）』（有斐閣，2010年）
大塚BASIC：大塚直『環境法BASIC（第2版）』（有斐閣，2016年）
越智：越智敏裕『環境訴訟法』（日本評論社，2015年）
百選：淡路剛久＝大塚直＝北村喜宣編『環境法判例百選（第2版）』（有斐閣，2011年）

第1章

環境訴訟・序論

　本章では，環境訴訟の全体像を説明する。環境訴訟の当事者は，主に，事業者と住民である。他の類型の訴訟と異なるのは，これに行政も加わって，三面的な訴訟関係が併存し得る点である。

　本書においては，企業対民間（住民，企業）間の民事訴訟のみを対象とし，損害賠償請求訴訟と差止訴訟という典型的な2類型についての解説を行う。環境民事訴訟は，時代の変遷やニーズに応じた新判例が出される分野であり，判例動向やそれをふまえた社会政策・立法上の議論は常に注視する必要がある。

第1節

はじめに

1　環境訴訟とは

　そもそも「環境」とは何であろうか。環境基本法という法律があり，同法は，「地球環境保全」と「公害」の定義を定めている（2条）。「公害」とは，環境の保全上の支障のうち，事業活動その他の人の活動に伴って生ずる相当範囲にわたる大気汚染，水質汚濁，土壌汚染，騒音，振動，地盤沈下および悪臭によって，人の健康または生活環境に係る被害が生じること，と定義している。また，環境とは自然環境（地球環境）と生活環境の両方を含む概念とされており，環境訴訟において保護される利益を考えるうえでの参考となる。

　「環境訴訟」とは，住民の身体・健康や生活環境の侵害が生じ得るような環境的負荷が生じる状況において，環境的負荷を生じさせる事業者と住民との訴訟や，行政処分を行った（行う権限のある）行政庁と住民との訴訟を指すのが一般的である。事業者と住民との訴訟は，住民が事業者に対し，工場操業や建築工事等の差止めを求める仮処分や訴訟といった類型が典型である。

　他方，企業間取引において環境といえば，たとえば不動産売買における土壌汚染の取扱いといった問題が想起され，不動産売買後に汚染が発見された場合の瑕疵担保責任に基づく損害賠償請求訴訟が，典型的な「環境訴訟」の一類型である。

　企業が対住民との民事訴訟を遂行する場合と，企業同士の民事訴訟を遂行する場合では，企業自身の受け止め方も対外的な対応や公表の仕方も全く異なる。対住民の訴訟の場合，住民側は，「社会的弱者」である住民に対して営利追求目的で権利侵害を進める悪しき企業，というスタンスで臨むことが多く，訴訟

遂行上，企業側としてはレピュテーションリスクの回避や対住民感情を意識した対応をせざるを得ないという特徴がある。これに対し，企業間での訴訟の場合，ビジネス上の観点からの合理的な判断に基づく対応をとるのが通常であり，必然的に，純粋な法律論や訴訟遂行上の戦略が前面に出るという特徴がある。

とはいえ，いずれの訴訟類型も，環境関連法規への抵触が訴訟における重要な要素となり，最終的には権利侵害の存在や損害賠償義務の有無が認められるか否かが争点となる点は全く共通である。ここでいう環境関連法規とは，土壌汚染対策法や大気汚染防止法，水質汚濁防止法，廃棄物処理法といった，自然環境への悪影響の防止を規定する法律はもちろんのこと，建築基準法等の住民の生活環境に関する法律も含む。

2 本書の取り扱う環境訴訟

本書は，主に企業の法務担当者等を対象として各種訴訟を解説するシリーズ本であり，環境訴訟のうちでも行政庁が当事者となる訴訟類型（行政訴訟）は対象としない。

本書においては，企業対民間（住民，企業）間の民事訴訟のみを対象とし，損害賠償請求訴訟と差止訴訟という典型的な2類型についての解説を行う。

① 環境問題に起因する損害賠償請求訴訟……企業対企業，企業対住民
② 環境問題に起因する差止訴訟……主に企業対住民

①の環境問題に起因する損害賠償請求訴訟は，不動産売買後に土壌汚染が発見された場合の訴訟のように，契約関係にある当事者間の訴訟の場合もあれば，工場からの粉じんにより周辺住民に健康被害が生じた場合の訴訟のように，契約関係にない当事者間の訴訟もある。前者は契約上の瑕疵担保責任や債務不履行責任，後者は不法行為責任に基づく請求が中心である。契約責任および不法行為責任に関する裁判例や，環境訴訟分野における実務的な対応のポイント等について**第2章**において解説する。

②の環境問題に起因する差止訴訟とは，法律上明文の規定がない場合であっても，生命・身体に関わる人格権を法的根拠として判例上認められてきた訴訟

類型であり,まさに,企業対住民の紛争・訴訟の典型といえる。差止請求訴訟のほか,仮処分等の保全手続その他の紛争類型がある(本書では,これらの手続を総称して「差止訴訟」と呼ぶ)。**第3章**においては,典型的な差止請求の各類型ごとに裁判例や実務的な対応のポイント等について解説する。

第2節

環境訴訟の特色

1　民事訴訟だけでなく，行政訴訟・不服審査請求が企業活動に影響する

(1)　環境訴訟の三面関係性

　本書が取り扱う損害賠償請求訴訟，差止訴訟のいずれも，企業と住民との間の関係において起こる訴訟類型であるが，環境訴訟の特色は，単なる企業と住民との二者間での紛争にとどまらず，行政が当事者となり，三者間での三面関係の紛争となり得る点にある。

　すなわち，①住民から企業への民事訴訟のほか，②行政と住民との間の訴訟や行政不服審査請求等の紛争が頻繁に起こる。加えて，許認可や規制等との関係で，③行政と企業との間の行政訴訟という類型がある。この中で，③は特殊なケースであり，本書では言及しない（②も本章における環境訴訟の全体像の説明および**第3章第4節**6においてのみ述べる）。

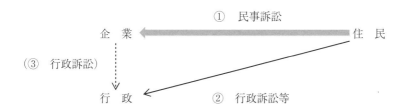

(2) 民事訴訟と行政訴訟・行政不服審査との関係

　行政と住民との訴訟や行政不服審査手続（②）は，行政権限の適切な行使を求めたり，不適切な行使を停止させることが審理の対象であるが，同じ住民が実質的に同一の紛争に関して，住民から企業への民事訴訟（①）に先行して提起することも多い。たとえば，建築差止紛争においては，住民から建築審査会に対し，建築確認の違法性に関する審査請求（行政不服審査手続）が最初に提起され，その後，建築差止めを求める訴訟（仮処分）が提起される，といった経緯をたどることが一般的といえる（行政訴訟，行政不服審査手続については後記第３章第４節⑥参照）。

　これらの先行する行政訴訟や行政不服審査手続において，行政庁からの処分が取り消されるといった判断がされることになれば，実質的には民事訴訟を待つことなく企業側が敗訴したのと同様の効果が生じることもあり得る。建築差止紛争の例でいえば，建築審査会が建築確認の取消しを認めれば，企業はその建築確認に基づき建物を建設することができなくなってしまうため，建築差止めの訴訟や仮処分が認められたのと同等の効果が実質的に生じることになり，影響は甚大である。

　これに対し，企業対企業の環境訴訟は，典型的には，企業間の不動産売買が行われた後に，対象不動産から土壌汚染や廃棄物が発見されたといった場合において，売買契約上の瑕疵担保責任や不法行為責任の有無が争点となるような事案である。そのため，直接的には，契約条項の意思解釈や，契約締結経緯の事実認定等に基づき瑕疵や不法行為の有無が争われることになり，法律に基づく行政との手続や処分が訴訟の対象となることはない。もっとも，法律上の処分が行政庁から下されているような事案では，契約上の責任や不法行為責任は相当に認められやすくなるであろうし，行政手続・処分や法律への抵触の有無は大きな判断ポイントとなるケースが多い。

　このように，民事訴訟において，関係する行政訴訟・行政不服審査や，行政処分等が与える影響は非常に大きく，企業としては，特に住民から行政への訴訟・不服審査（②）に関しての情報収集に努めるとともに，その帰趨による影響を見極める必要が生じる。この点が，環境訴訟が他の類型の訴訟と異なる大きなポイントである。

(3) 行政事件と民事事件の流れ

上記で述べたとおり，行政訴訟・行政不服審査（行政事件）が起こる類型の場合，行政事件，民事事件のそれぞれの流れは以下のとおりとなる。

❶ 行政事件の流れ

❷ 民事事件の流れ

行政不服審査（❶(a)）と仮処分（❷(a)）の両方が同時期に提起されることもあるし，いずれか一方が先行することもある。両手続は相互に関連しているわけではなく，実質的に矛盾する判断がなされる可能性もあるため，留意が必要である。

マンション建築をめぐる住民との紛争を例に挙げると，前記のとおり，建築確認申請に関する建築審査会への審査請求（❶(a)）が最初に提起されることが多い。この手続は住民が行政庁（処分庁）を相手方として提起するが，マンション建築主（デベロッパー）は利害関係人として参加することが可能であり，しかるべきタイミングでの手続参加が必須であるといえる。さらに，建築審査会が請求を認めなかった場合でも，建築確認の取消しを求める行政訴訟では，裁判所において一から審理が行われることになる。

他方，住民からの建築差止の仮処分（❷(a)）は，住民からデベロッパーに対して直接提起される。審査請求より後に提起されることも多いし，審査請求（および行政訴訟）と矛盾する結論となることもあり得る。

このように，企業が環境訴訟の当事者となった場合，今提起されているのがいかなる手続か，今後，どのような手続が（並行して）提起される可能性があるのか，その帰趨による事業遂行への影響の見極め等を含め，その進行には細心の注意を払う必要がある。

② 環境民事訴訟の特徴
——判例の重要性と住民側による立証の緩和

(1) 判例が立法に先行する分野であり，判例動向が極めて重要である

　環境訴訟分野は，法律がない中で主に住民から訴訟が提起され，長期間にわたる訴訟の結果，判例法理により権利性が確立され，それを受けて立法が整備されてきた法分野である点が特徴的といえる。典型的には，水俣病訴訟等の四大公害訴訟が挙げられるが，それ以外にも数多くの分野，たとえば，大気汚染，水質汚濁，土壌汚染，騒音・振動，廃棄物，日照・眺望，原子力発電所等のさまざまな分野において，数多くの民事訴訟が住民から提起され，判決を受けて，判決と前後して立法化が進められるという経緯をたどることが多かったといえる。

　特に，本書第2章の損害賠償請求訴訟のうち不法行為分野や，第3章の差止請求訴訟の分野は，住民から企業に対する環境訴訟によって多くの判例が蓄積され，主に住民の権利の保護や救済の必要性に配慮した判断がされてきた。このように，環境訴訟分野は時代の変遷やニーズに応じた新判例が出される可能性もあり，企業としても同分野の判例動向やそれを踏まえた社会政策・立法上の議論は常に注視する必要があるといえる。

(2) 住民側の立証の緩和

　環境訴訟分野においては，企業側と住民側の手持ち証拠の不均衡や，住民に生じた被害が生命・身体に関する損害である場合の救済といった観点から，裁判例上，通常の事案と比較して住民側の立証を緩和するための法理が数多く採用されており，これらの判例法理の考え方に対する十分な理解が必要である。第2章，第3章の各論において詳述しているが，以下，いくつか例を挙げる。

　① 事実上の危険責任を負う場合——過失責任主義の修正

　不法行為の成立には故意または過失が要件となるが，企業の故意による不法行為は想定し難く，通常，過失の存在が必要とされている（過失責任主義）。

過失とは，生じた結果（損害の発生）を予見すべき義務に対する違反（予見義務違反）と，結果を回避可能であったのに回避しなかった義務に対する違反（結果回避義務違反）に大別されるが，公害訴訟の分野においては，企業側に高度の結果回避義務を課すことで，事実上の危険責任を認めたといい得るケースがあり，過失責任主義が修正されている。

また，法律によっては，生命・身体への被害が発生した場合の損害が甚大であることに鑑みて，無過失責任が明文上定められているものもある（鉱業法109条，原子力損害の賠償に関する法律3条等。後記第2章第4節①(2)，⑤参照）。

② 住民側による因果関係立証の緩和

公害訴訟等においては，被害者側が損害と加害者の過失（企業の行為）との因果関係を立証するのは困難が伴う場合が多い。そのため，被害者の救済のため，通常の事件よりも因果関係の立証を緩やかに認めるための判例法理が用いられるケースがある。

たとえば，医学的に被害発生の原因が証明できた場合の因果関係の推認を認める疫学的因果関係論のように，個別の損害と結果との因果関係の証明を必要としない法理が典型的である。また，差止請求訴訟等において，住民側から因果関係についての一応の立証がなされた場合に，企業側が因果関係の不存在を立証するべきとされる場合もある（後記第2章第4節①(4)参照）。

③ 住民側による責任追及の期間制限の緩和

たとえば，不法行為に基づく損害賠償請求権には時効（被害者が損害および加害者を知った時から3年）や除斥期間（不法行為時から20年）の期間制限があるが，環境訴訟分野の判例においては，時効の起算点を訴訟提起が可能となった時と解すること等により，期間の制限が実質的に緩和されている（後記第2章第4節⑧参照）。

(3) 裁判所の裁量の幅—受忍限度論

公害等による生命・身体に対する権利侵害等の類型ではなく，日照侵害等の生活環境の侵害の類型の場合，裁判例上，その侵害が社会通念上許容すべき程度を超えるか否かという基準が用いられることが多い。このような考え方を受忍限度論というが，どの程度が「許容すべき（受任すべき）程度か」というの

は対象となる権利によって異なる。

　また，典型的な受忍限度論の判例においては，「侵害行為の持つ公共性」も判断基準の一要素とされているなど，純粋な行為態様や権利侵害の程度のみで侵害の有無が判断されるわけではなく，諸要素を総合考慮することとされている（後記**第2章第4節**1(3)，**第3章第2節**4参照）。

　このように，裁判所が諸要素の総合考慮により判断する結果，裁判所の裁量の範囲が相当広くなっているといえる。環境訴訟においては，住民側への同情論やマスコミの論調等が裁判所の判断に与える影響も軽視できず，（受忍限度論に限った話ではないが）特に冷静な主張立証の応酬と裁判所の判断を求めるための訴訟戦略が極めて重要になるといえる。

第 **2** 章

損害賠償請求訴訟

　本章では，環境被害を受けて損害を負った被害者が，加害者に対して，損害賠償を求める民事訴訟（損害賠償請求訴訟）について説明する。
　まず，環境訴訟では，大きく分けて損害賠償請求と差止請求があること等について概論したうえ（第1節），次に，損害賠償請求訴訟は，紛争の類型として，契約当事者間における紛争と契約当事者以外の訴訟に分けられることを述べたうえ（第2節），その後，この2つの紛争類型を分けて，実務上しばしば問題となる法律構成ごとに，解説を行う（第3節～第4節）。なお，これらの中で，環境民事訴訟では，判例動向が極めて重要であることや，被害者側の救済のために特別法の立法やさまざまな法律解釈上の工夫がなされていること等も説明することとする。

第1節 概説

　第1章でも述べたとおり，環境民事訴訟法には，主要な紛争として，環境問題により損害を被った被害者が加害者に対して損害の賠償を求める損害賠償請求訴訟と，現に生じ，または将来生じるおそれのある環境問題の発生の差止めを求める差止訴訟の2つがある。

　このうち本章では，環境民事訴訟法のうち損害賠償請求についての法的論点や実務上問題となる点等の解説を行うこととし，差止訴訟については**第3章**で扱うこととする。

　環境訴訟では，損害賠償請求の原因となる不法行為責任の有無の判断にあたっての故意・過失や権利侵害・違法性の要件の該当性が認められるかの判断等において，環境分野ごとの法令による規制の違反の有無・程度が問題となることも多い。たとえば，大気汚染の分野における大気汚染防止法の違反，土壌汚染の分野における土壌汚染対策法の違反，水質汚濁の分野における水質汚濁防止法の違反等である。環境訴訟では，分野ごとの法令に基づく規制の内容や違反した場合の効果等を確実に理解しておくことが極めて重要であることはいうまでもないが，本書は，環境民事訴訟法への対応のための実務上のポイントを解説することを目的としており，法規制の内容等を個別に逐一解説することは目的としていない。

　そこで，以下においては，分野ごとの法令の内容等は，法的論点や実務上の問題点の解説を行うのに必要な範囲で簡潔に言及するに留めることとする。

第2節

紛争の類型

　環境民事訴訟法のうち損害賠償請求訴訟は，紛争の類型として，1つには，契約（取引）当事者間における紛争と，契約当事者間の関係に立たない者同士の間における紛争とがある。契約当事者間の紛争は企業間，契約当事者でない者の紛争は企業と住民間で起こることが多い。

1　契約当事者間における紛争

　まず，契約当事者間における紛争であるが，典型的な例としては，企業間の不動産取引やM&A等により土地を購入したところ，取引後に，その土地に予期しない土壌汚染があることが判明したため，土地の買主が売主に対し，土壌汚染対策費用等の損害の賠償を求めるというような事例が考えられる（売買契約の目的物である土地の土壌に，当該売買契約締結後に法令に基づく規制の対象となったふっ素が基準値を超えて含まれていたため，土地の買主が売主に損害賠償請求を行った事例として，最判平22・6・1民集64巻4号953頁（ふっ素事件））。
　契約当事者間における紛争が生じた場合は，環境問題が生じたことにより被った損害の賠償請求や，契約の解除，無効，取消しなどが主張されることとなる。
　その法律構成としては，損害賠償請求を行う際には，①民法上の瑕疵担保責任（民法570条），②契約義務違反，説明義務違反を含めた債務不履行責任（同法415条），③契約当事者間における不法行為責任（同法709条），④表明保証違反による損害賠償責任の追及などが問題になる。
　このほか，損害賠償請求をするのではなく，取引の有効性等を争う法律構成

としては、④錯誤無効（同法95条本文）、⑤詐欺による取消し（同法96条1項）、⑥消費者契約法4条に基づく取消しなどが考えられる。

2 契約当事者間以外の紛争

　次に、契約当事者間以外で生じる紛争としては、たとえば、工場から発生した人の健康に被害を及ぼす物質により、工場周辺の住民に生じた健康被害の賠償を求めるというような事例が考えられる。代表的な例としては、戦後、1960年代に発生した四日市ぜんそくによる損害賠償請求事件の判決として、津地四日市支判昭47・7・24判時672号30頁（四日市ぜんそく損害賠償請求事件）等が挙げられる。また、工場等の騒音によって周辺の住民から健康被害等について賠償を求めるという事例も典型的である（最判平6・3・24判時1501号96頁）。

　このような場合に被害者である住民側が損害賠償請求を行う法律構成としては、民法上の不法行為責任（民法709条）、共同不法行為責任（同法719条）、工作物責任（同法717条）のほか、それぞれの特別法に規定される根拠規定による責任を追及することとなる。

　環境法分野では、一般の不法行為責任が特別法によって修正されている場合があり、**第4節5**で解説するとおり、その例としては、企業の無過失責任を定めた鉱業法109条、原子力損害の賠償に関する法律3条、船舶油濁損害賠償保障法等が挙げられる。また、大気汚染防止法25条、水質汚濁防止法19条は、健康被害に関する無過失賠償責任を限定的に規定している。

　環境法分野における一般不法行為責任や共同不法行為責任の訴訟は、不法行為理論や共同不法行為理論の発展に大きく寄与した重要な事件が多く、**第1章第2節2**でも述べたとおり判例理論をよく理解しておくことは極めて重要である。いくつかの判例は後にも取り上げるが（**第4節2**参照）、たとえば、大気汚染と故意・過失の問題に関する大判大5・12・22民録22輯2474頁（大阪アルカリ事件）、水質汚濁に関する複数原因者による公害についての共同不法行為に関する最判昭43・4・23民集22巻4号964頁（山王川事件）、コンビナート公害と共同不法行為に関する津地四日市支判昭47・7・24判時672号30頁（四日市ぜんそく損害賠償請求事件）、人格権に基づく差止めと将来の損害賠償などが問

題になった最判昭56・12・16民集35巻10号1369頁（大阪国際空港事件），都市型複合汚染の因果関係および共同不法行為の問題に関する大阪地判平3・3・29判時1383号22頁（西淀川事件第1次訴訟）等が環境分野における著名な不法行為判例として挙げられる。

　このような環境民事訴訟事件には，社会的，政策形成的に重要な意義を持つ事件も数多い。たとえば，我が国では，四大公害訴訟・判決を経験し，その後，法制度上，公害規制立法が整備されるに至っている。

　近時では，工場や建設現場等で吸引した石綿（アスベスト）が原因とみられる健康被害や死亡事件が生じ，多数の裁判が各地で提起されており，判決の帰趨はもちろんのこと，今後の環境政策や立法への影響も含めて注目すべき事案であるといえる（株式会社クボタの元従業員や工場周辺住民に関する石綿被害の事例として，大阪高判平26・3・6判時2257号31頁がある（最高裁への上告受理申立てがされたが，上告受理されなかった）。建設現場の作業員に対する国の責任とメーカーの共同不法行為責任が争われた事例として，横浜地判平24・5・25訟月59巻5号1157頁，東京地判平24・12・5判時2183号194頁，福岡地判平26・11・7裁判所HP〔平成23年（ワ）4275号，平成24年（ワ）4492号，平成25年（ワ）1433号〕，大阪地判平28・1・22判タ1426号49頁，京都地判平28・1・29判時2305号22頁などがある）。

第2章　損害賠償請求訴訟

第3節

契約当事者間における紛争

　まず，本節では，前節①で述べた契約当事者間における環境民事訴訟のうち，損害賠償請求訴訟で問題となる法的論点や実務上重要な点について，関連する判例等も踏まえながら説明を行う。特に，①で述べる土壌汚染についての瑕疵担保責任の事案などでは，企業間の不動産取引などでは，土地の価格などにより，相当に多額の損害賠償責任が問題となることもしばしば見られる。

1　瑕疵担保責任

(1)　瑕疵担保責任
①　概　　説
　民法570条は，売買の目的物に隠れた瑕疵があった場合，契約の解除または損害賠償の請求をすることができると規定している[1]。同条にいう「隠れた瑕疵」とは，売買の目的物がその種類のものとして取引通念上通常有すべき性状を欠いている状態をいうとされている。売主の過失は問題にならない（無過失責任）。
　前節でも述べたように，たとえば，土地を購入したところ，取引後に，その土地に予期しない土壌汚染があることが判明したため，買主が土壌汚染対策費用などを支出せざるを得なかった場合，買主が売主に対して当該費用の賠償を求めることが考えられる。この場合には，民法570条による瑕疵担保責任に基づき損害賠償を請求することが考えられる。
　土壌汚染の事案では，具体的に問題となり得る損害としては，たとえば，土

---

[1]　その法的性質については古くから議論があり，法定責任説と契約責任説が唱えられているが，本書ではその詳細に立ち入らない。

壌汚染調査費用，撤去費用，処分費用，これらへの対応のために生じた工事費用増加分である。

環境民事訴訟法の分野では瑕疵担保責任（民法570条）の成否等が問題になるのは土壌汚染の事案が多いが（以下でも土壌汚染分野の事件を中心に解説をする），こうした中でも有名な事件として，最判平22・6・1民集64巻4号953頁（ふっ素事件）の事例がある。

本書では，上記の最高裁判例の事案は，審級ごとに判断が分かれたので，次項で，第1審から上告審までの各判決について順に紹介する。そのうえで，この判例を題材に，瑕疵担保責任が問題となる訴訟での主張立証の準備，検討のポイントについて若干の整理を行う。

また，瑕疵担保責任を追及するうえで，問題となる法的な論点等について解説をする。

② 最判平22・6・1民集64巻4号953頁（ふっ素事件）

(a) 事　案

本件は，1991年3月15日に被告から土地（以下「本件土地」という）を買い受けた原告が，被告に対し，本件土地の土壌にふっ素が基準値を超えて含まれていたことが民法570条にいう瑕疵に当たると主張して，瑕疵担保による損害賠償を求めた事案である。

原告と被告による本件土地の売買契約（以下「本件売買契約」という）締結当時，土壌に含まれるふっ素については，法令に基づく規制の対象とはなっておらず，取引観念上も，ふっ素が土壌に含まれることに起因して人の健康に被害が生ずるおそれがあるとは認識されていなかった。

土壌に含まれるふっ素についての環境基準が告示されたのは2001年3月であり，ふっ素が土壌汚染対策法に規定する特定有害物質と定められたのは2003年2月のことであった。

そして，本件土地について土壌の汚染状況の調査がされたところ，2005年11月ころ，その土壌に同法施行規則等に定められた基準値を超えるふっ素が含まれることが判明した。

そこで，原告が被告に対し瑕疵担保責任に基づき損害賠償請求を求めて訴えを提起した。

(b) 第1審判決

この事案について、第1審判決（東京地判平19・7・25金判1305号50頁）は、概要以下のとおり判示して、原告の請求を棄却した（なお、原告は、第1審では、本件土地につき、2001年10月に施行された東京都条例（判決中の「本件都条例」）の定める土地の改変者の義務を履行しなければこれを利用できないという制限を受けていることが、瑕疵に当たると主張していた）。

- 瑕疵担保責任の規定が適用されるためには、その前提として、売買契約締結当時において、目的物に「瑕疵」が存在することが必要であると解すべきである。
- これを本件について見るに、原告は、土壌汚染の事実を「瑕疵」と主張するのではなく、本件都条例117条による規制を「瑕疵」と主張するが、本件都条例117条は、本件売買契約が締結された平成3年3月には存在せず、10年以上経過した平成13年10月に施行されたものである。
- よって、原告の主張は、売買契約締結当時に存在しない瑕疵を「瑕疵」と主張するものであり、主張自体失当である。

これに対し、原告が控訴した。

(c) 控訴審判決

控訴審判決（東京高判平20・9・25金判1305号36頁）は、第1審判決を変更し、控訴人の請求のほぼ全部を認容したが、当事者の主張内容等とこれに対する裁判所の判断の概要は以下のとおりである。

すなわち、控訴人（原告）は、控訴審において、本件売買契約締結当時、本件土地の土壌がふっ素で汚染されていることが本件土地の隠れた瑕疵であるというべきであるとし、この瑕疵が東京都条例の制定、施行により顕在化された旨を主張するに至った。これに対し、被控訴人（被告）は、控訴人（原告）の上記主張が時機に後れた攻撃防御方法に当たるとし、民事訴訟法157条に基づく却下の決定を求める旨を申し立てた。

控訴審裁判所は、被控訴人（被告）の民事訴訟法157条に基づく時機に後れた攻撃防御方法の却下の決定を求める申立てについては、理由がないとしてこれを斥けた。

そのうえで，控訴審裁判所は，次のとおり判示した。

- 居住その他の土地の通常の利用をすることを目的として締結された売買契約の目的物である土地の土壌に人の生命，身体，健康を損なう危険のある有害物質が上記の危険がないと認められる限度を超えて含まれていたが，当時の取引観念上はその有害性が認識されていなかった場合において，その後，当該物質が土地の土壌に上記の限度を超えて含まれることは有害であることが社会的に認識されるに至ったときは，民法570条にいう隠れた瑕疵に当たると解するのが相当である。
- 本件売買契約の目的物である本件土地の土壌中に上記のとおりふっ素が含まれていたことは，民法570条にいう隠れた瑕疵に当たるというべきである。
- したがって，控訴人は，被控訴人に対し，本件都条例に基づき，汚染の除去等の拡散防止措置を実施するために負担した必要な費用相当額の損害賠償請求をすることができる。

被控訴人（被告）が上告受理の申立てをしたところ，最高裁はこれを受理した。
　(d)　**最高裁判決**
　上告審は，以下のとおり判示して，原判決中被控訴人（被告）の敗訴部分を破棄し，自判した。

「売買契約の当事者間において目的物がどのような品質・性能を有することが予定されていたかについては，売買契約締結当時の取引観念をしんしゃくして判断すべきところ，前記事実関係によれば，本件売買契約締結当時，取引観念上，ふっ素が土壌に含まれることに起因して人の健康に係る被害を生ずるおそれがあるとは認識されておらず，被上告人の担当者もそのような認識を有していなかったのであり，ふっ素が，それが土壌に含まれることに起因して人の健康に係る被害を生ずるおそれがあるなどの有害物質として，法令に基づく規制の対象となったのは，本件売買契約締結後であったというのである。そして，本件売買契約の当事者間において，本件土地が備えるべき属性として，その土壌に，ふっ素が含まれていない

ことや，本件売買契約締結当時に有害性が認識されていたか否かにかかわらず，人の健康に係る被害を生ずるおそれのある一切の物質が含まれていないことが，特に予定されていたとみるべき事情もうかがわれない。そうすると，本件売買契約締結当時の取引観念上，それが土壌に含まれることに起因して人の健康に係る被害を生ずるおそれがあるとは認識されていなかったふっ素について，本件売買契約の当事者間において，それが人の健康を損なう限度を超えて本件土地の土壌に含まれていないことが予定されていたものとみることはできず，本件土地の土壌に溶出量基準値及び含有量基準値のいずれをも超えるふっ素が含まれていたとしても，そのことは，民法570条にいう瑕疵には当たらないというべきである。」

(e) 解 説

この事案は，民法570条の「隠れた瑕疵」の該当性が問題となった事案である。最高裁判決は，契約締結時の取引観念を基準として瑕疵担保責任における瑕疵の内容を判断したものである。

民法570条にいう「瑕疵」とは物理的な欠陥であるが，その基準については争いがある。すなわち，売買の目的物が通常備えるべき品質・性能を有しているかを基準とする客観説と，当該契約において当事者がどのような品質・性能を予定していたかという契約の解釈を問題とする主観説とが対立している。

原判決は，瑕疵概念について客観説を徹底させたものと理解することができる。

一方，前記(d)の最高裁判例の判示内容によれば，売買契約の当事者間において目的物がどのような品質・性能を有することが予定されていたかについて，❶売買契約締結当時の取引観念に照らし，売買目的物が，その種類のものとして通常有すべき品質・性能を欠いているといえるか否かという観点とともに，❷契約当事者が，売買目的物について，ある品質・性能を有することを特別に予定している場合，当該特別に予定している品質・性能を欠いているかといえるか否かという観点により判断するとされている。

このように，本判決は，民法570条にいう「瑕疵」の判断基準として，最高裁として初めて主観説に立つことを明らかにした判決である[2]（後述するように，

---

2 野澤正充「汚染地の瑕疵担保に基づく損害賠償請求事件」百選112頁。

その後の瑕疵担保責任に関する下級審裁判例は，この最高裁判例の判断に基づいた判示がされている）。

そのうえで，最高裁は，本件の事案では，上記❶❷のいずれの観点からも，「瑕疵」ととらえることはできないとしている。

最高裁判例の判示内容を踏まえると，瑕疵担保責任の有無が問題となるケースにおいては，以下のような点に注意をして，民法570条にいう「瑕疵」の有無を検討すべきであるといえよう。

まず，上記❶の観点としては，売買契約当時の取引観念に照らし，売買目的物が，その種類のものとして通常有すべき品質・性能を欠いているか否かが問題になる。したがって，契約締結当時における法令の内容，関連する各種基準・ガイドライン等の内容，専門的知見（科学的知見，医学的知見等）の集積の状況，事案によっては他国における規制の状況等について確認，検討すべきである。そのためには，契約締結当時の法令や各種基準等の調査，専門的知見の集積状況に関する文献・専門サイトの調査，専門家からの意見聴取等が重要となるであろう。

次に，上記❷の観点としては，契約当事者が，ある品質・性能を有することを特別に予定していたか否かが問題になる。したがって，契約書やこれに関連付随して作成された各種関連書類の確認，契約締結の際の諸々のやりとり（議事録，メール等）の確認等が必要となる。もっとも，実際には，契約書等に明示されている特約などがない限り，訴訟において，目的物につき，ある品質・性能を有することを特別に予定していたと認められるのは難しいであろう。

前記(d)の最高裁判例に従うと，契約締結後に土地の含有物質の危険が判明した場合には瑕疵担保責任が問えないという帰結になる。しかし，この場合に瑕疵担保責任を肯定する見解については，売主が事後的な科学的知見の進展いかんによって瑕疵担保責任を負うおそれが残り，長期間にわたって不安定な地位に置かれるのは妥当でないと考えられる[3]。

なお，本件と同様の争点が問題となった下級審裁判例として，仙台地判平14・6・4裁判所HP〔平成10年（行ウ）13号〕がある。この事案は，仙台市の

---

[3] 越智301頁。

住民である原告らが，医薬品卸会社である被告に対し，仙台市立病院が購入した薬品に医療上の有効性がなかったとして，仙台市に代位して，瑕疵担保責任に基づき損害賠償請求等を行った住民訴訟の事案である。上記薬品は，売買契約締結当時，厚生大臣（当時）による製造承認を受けていたが，その後，中央薬事審議会により医薬上の有用性が確認されないとの再評価の答申がされた。裁判所は，ふっ素事件と同様の観点から，瑕疵の主張を排斥している。

③　東京地判平27・8・7判時2288号43頁

②の最高裁判例の後の下級審裁判例として，土壌汚染に関する瑕疵担保責任の有無等が争われた注目される事例の1つとして，東京地判平27・8・7判時2288号43頁があるので，紹介する。

　(a)　事案および判決の内容

本件の事案は，公的研究機関である被告が所有する土地および建物を一般競争入札により買い受けた大手製糸業者である原告が，この土地から，土壌汚染対策法の定める規則基準値を上回る特定有害物質が検出されたため，主位的に，これが隠れた瑕疵に該当するとして，瑕疵担保責任（民法570条・566条1項後段）に基づき，予備的に，原告との売買契約上被告が負う土壌汚染浄化債務の不履行責任に基づき，当該瑕疵が判明していたならば減価されていた価格相当額として3億6000万円および汚染に関する調査費用相当額として7950万9000円の損害額合計4億3950万9000円等の賠償を求めた事案である。

本件では，(i)原告の調査により発見された土壌汚染が隠れた瑕疵に該当するか，(ii)原告と被告との売買契約上瑕疵担保責任を制限する特約が成立しているか，(iii)予備的請求との関係で被告に土壌汚染浄化義務違反があるか，および(iv)原告の損害額が争点となった。

裁判所は，概要，以下のとおり判示した。

- (i)隠れた瑕疵該当性については，最判平成22年6月1日民集64巻4号953頁（ふっ素事件）（上記②の解説参照）を引用し，本件売買においては双方当事者が土壌汚染の可能性を認識していたことや，買主である原告において予定していた本件土地の利用目的等の事実を認定したうえで，それに基づいて，本件売買の当事者間において予定されていた本件土地

の品質および性能についての判断基準を定立し，同基準に則して，原告の主張する本件土地の土壌汚染の一部についてのみ隠れた瑕疵に該当するとした。
- (ii)の特徴については，本件の交渉過程等に照らすと，当事者間に瑕疵担保責任を制限する特約が成立しているとは認められないとした。
- (iii)の土壌汚染浄化義務違反については，契約の内容および汚染の程度に照らし，被告に汚染浄化義務の不履行があるとは認められないとした。
- (iv)の損害額については，損害論のうち，調査費用相当額に関しては，隠れた瑕疵の有無を判断するための調査費用は瑕疵との因果関係が認められないが，隠れた瑕疵の存在を前提にその対策方法を判断するための調査費用1800万円分は瑕疵との因果関係が認められるとした。

 また，本件土地の原価額相当額については，原告において直ちに汚染を除去するべき法令上の義務があるわけではなく，義務が生じる場合であっても，必ずしも掘削除去が必要となるわけでなく，かつ，原告が予定していた本件土地の利用方法等にも鑑みれば，将来，法令上義務付られ得る範囲は明らかではなかったとしたうえで，隠れた瑕疵と認められる土壌汚染のすべてを掘削除去した場合の費用に一定割合を乗じることにより，本件土地の減価額7217万4900円を認定した。

(b) **解　説**

　まず，本裁判例は，すでに述べた最判平22・6・1民集64巻4号953頁（ふっ素事件）およびその後の下級審裁判例と同様に，売買契約締結当時を基準として，契約当事者間において目的物たる土地がどのような品質・性能を有することが予定されていたかについて事実認定している。そのうえで，原告の主張した土壌汚染があることによって，予定されていた品質・性能を欠くといえるかどうかについて判断するという枠組みを採用している。

　本件の特徴は，売買契約締結前に，売主である被告において，一定の限度で土壌汚染調査を行い，その結果一定の土壌汚染が発見されたものの，調査の対象外であった部分については，土壌汚染の存否が不明であることが当事者双方の共通認識であったことにある。

判決は，こうした事情を，買主である原告において予定されていた土地の利用方法等とともに，当事者間で予定されていた品質・性能が何であるかの判断要素に取り込んだものといえよう[4]。

(2) 損害賠償の範囲

瑕疵担保責任（民法570条）が認められた場合，損害賠償を請求することができるが，損害賠償の範囲が問題となる。

東京地判平14・9・27 LEX/DB28080755によれば，瑕疵担保責任に基づく損害賠償としては，瑕疵がないと信頼したことによって失った利益（信頼利益）の賠償のみ可能であるとされている。土壌汚染の場合であれば，土壌汚染の浄化費用などがこれに当たる。どの程度の浄化措置について認められるかは問題であるが，少なくとも土壌汚染対策法7条に基づく指示措置に要する費用相当額は損害と認められる。

上記の東京地判平14・9・27のように，損害の範囲を信頼利益に限ると解する立場によると，履行利益は損害賠償の範囲に含まれないこととなる。

学説の中では，瑕疵担保責任の法的性質について法定責任説を採用することを前提として，上記東京地判平14・9・27と同様に信頼利益の範囲に限られると解する立場もあるが，これとは異なり，契約責任説を採用することを前提として履行利益の賠償まで可能であると主張する立場も有力である。

(3) 瑕疵担保責任の期間制限

① 民法570条・566条3項

民法570条・566条3項によれば，瑕疵担保責任に基づく請求は，買主が瑕疵の存在を知った時から，1年以内にしなければならない。この期間制限は，除斥期間を定めたものである（最判平4・10・20民集46巻7号1129頁）。

瑕疵の存在を知った場合，民法570条による損害賠償請求権を保存するには，この期間内に裁判上の権利行使をする必要はないが，少なくとも売主に対して，具体的に瑕疵の内容とそれに基づく損害額の算定の根拠を示すなどして，売主

---

[4] 東京地判平27・8・7判時2288号43頁匿名コメント部分参照。

の瑕疵担保責任を問う意思を明確に告げる必要がある（前掲・最判平 4 ・10・20）。

② 商法526条 2 項

企業間の土地の売買取引のように，商法の適用がある場合，買主は，売買の目的物受領後，遅滞なく検査をする必要があり，引渡しから 6 カ月以内に瑕疵を発見して売主に対して通知をしなければ，瑕疵担保責任に基づく請求をすることができない（商法526条 2 項）。

この場合の通知の内容としては，売主に適切な善後策を講ずる機会を速やかに与える制度の趣旨から考えて，瑕疵の種類および大体の範囲を明らかにすることで足り，詳細かつ正確な内容の通知であることを要しないと解されている（大判大11・ 4 ・ 1 民集 1 巻155頁）。

商法526条 2 項が問題となった事案としては，東京地判平 4 ・10・28判タ831号159頁や東京地判平18・ 9 ・ 5 判時1973号84頁（いずれも商人間の売買において，検査通知義務違反による免責を肯定）等がある。

③ 消滅時効－最判平13・11・27民集55巻 6 号1311頁

また，①の除斥期間とは別に，瑕疵担保による損害賠償請求権には消滅時効の規定がある。この消滅時効は買主が売買の目的物の引渡しを受けた時から進行し，10年経過すると時効により瑕疵担保責任も消滅することになる（最判平13・11・27民集55巻 6 号1311頁）。

瑕疵担保責任に関する①の除斥期間と③の消滅時効を整理すると，【図表 1 】のとおりである。

【図表 1 】　除斥期間と消滅時効の比較

	除斥期間	消滅時効
条　　文	民法570条・566条 3 項	民法167条 1 項
起算点	買主が瑕疵の存在を知った時	買主が売買の目的物の引渡しを受けた時
期　　間	1 年	10年

④ 期間制限特約

実務上は，目的物の引渡しから10年の経過により，瑕疵担保責任が時効消滅

するとすれば瑕疵担保責任が追及される可能性のある期間が長きに及ぶことになって法的安定性に欠けることになるので、土地の売買契約では、引渡し後2年間に責任を限定する特約がされる場合が多い。

この期間制限特約がある場合には、売主が瑕疵を知ってこれを告げなかったときを除いて（民法572条）、2年を過ぎると瑕疵担保責任を追及できなくなる。

ただし、瑕疵により健康被害が生じた場合には、売主は信義則上、期間制限を主張し得ないと解する見解[5]もある。

(4) 免責特約

① 民法572条

瑕疵担保責任は、特約でこれを変更できる。

ただし、売買契約の売主は、たとえば以下のような瑕疵担保責任を負わない旨の特約をしたときでも、知りながら告げなかった事実に関しては、その責任を免れることができない（民法572条）。

> 【規定例】
> 第○条
>   売主は、買主に対し、本件土地の瑕疵については、法令・契約その他理由のいかんを問わず一切の担保責任を負わないものとする。

② 裁判例

東京地判平24・9・25判時2170号40頁の事案は、土地の売買契約において、土壌汚染について一切の責任を負わない旨の免責特約が付されていた事案である。この事案では、売買契約の対象土地から法令の基準値を超える六価クロムが検出された。

東京地裁は、売主が土壌汚染対策法や東京都環境確保条例に準拠した方法で土壌汚染の調査を行った際に基準値を超える六価クロムが検出されなかった場合は、たとえ売主がかつて同土地上で六価クロムを使用した事実があっても、土壌汚染の看過につき悪意と同視すべき重大な過失はないとして、民法572条の適用を否定し、免責特約を有効とした。

5　越智303頁。

この事案では，売主は土壌汚染の原因を作った者である。それにもかかわらず，法令に準拠した調査を行って発見できなかった瑕疵については，免責特約により免責されるとしている。

　免責特約による売主の瑕疵担保責任の免責を主張するうえでは，どのような場合に免責が認められるのかについて1つの判断を示したという意味で，一定の参考になる事案である。

(5) 民法改正による影響

　現在，我が国では，民法について，今日の社会経済情勢に適合させるための見直しを行うべきであるという指摘があることを踏まえて，抜本的な見直しが図られている。平成27年3月31日，民法改正法案が同年通常国会に提出された（ただし，同国会では審議がなされず，平成29年1月現在も成立はしていない）。

　瑕疵担保責任との関係では理論的にも実務的にも重要といえる法改正がされる予定であるので，ここで解説を行う。

　改正法案では，売主の担保責任に関しては，以下のような改正がされる内容となっている。

（買主の追完請求権）

第562条　引き渡された目的物が種類，品質又は数量に関して契約の内容に適合しないものであるときは，買主は，売主に対し，目的物の修補，代替物の引渡し又は不足分の引渡しによる履行の追完を請求することができる。ただし，売主は，買主に不相当な負担を課するものでないときは，買主が請求した方法と異なる方法による履行の追完をすることができる。

2　前項の不適合が買主の責めに帰すべき事由によるものであるときは，買主は，同項の規定による履行の追完の請求をすることができない。

（買主の代金減額請求権）

第563条　前条第1項本文に規定する場合において，買主が相当の期間を定めて履行の追完の催告をし，その期間内に履行の追完がないときは，買主は，その不適合の程度に応じて代金の減額を請求することができる。

2　前項の規定にかかわらず，次に掲げる場合には，買主は，同項の催告をすることなく，直ちに代金の減額を請求することができる。

一 履行の追完が不能であるとき。
二 売主が履行の追完を拒絶する意思を明確に表示したとき。
三 契約の性質又は当事者の意思表示により，特定の日時又は一定の期間内に履行をしなければ契約をした目的を達することができない場合において，売主が履行の追完をしないでその時期を経過したとき。
四 前3号に掲げる場合のほか，買主が前項の催告をしても履行の追完を受ける見込みがないことが明らかであるとき。
3 第1項の不適合が買主の責めに帰すべき事由によるものであるときは，買主は，前2項の規定による代金の減額の請求をすることができない。

（買主の損害賠償請求及び解除権の行使）
第564条 前2条の規定は，第415条の規定による損害賠償の請求並びに第541条及び第542条の規定による解除権の行使を妨げない。

（移転した権利が契約の内容に適合しない場合における売主の担保責任）
第565条 前3条の規定は，売主が買主に移転した権利が契約の内容に適合しないものである場合（権利の一部が他人に属する場合においてその権利の一部を移転しないときを含む。）について準用する。

（目的物の種類又は品質に関する担保責任の期間の制限）
第566条 売主が種類又は品質に関して契約の内容に適合しない目的物を買主に引き渡した場合において，買主がその不適合を知った時から1年以内にその旨を売主に通知しないときは，買主は，その不適合を理由として，履行の追完の請求，代金の減額の請求，損害賠償の請求及び契約の解除をすることができない。ただし，売主が引渡しの時にその不適合を知り，又は重大な過失によって知らなかったときは，この限りでない。

（競売における担保責任等）
第568条 民事執行法その他の法律の規定に基づく競売（以下この条において単に「競売」という。）における買受人は，第541条及び第542条の規定並びに第563条（第565条において準用する場合を含む。）の規定により，債務者に対し，契約の解除をし，又は代金の減額を請求することができる。
2・3（略）
4 前3項の規定は，競売の目的物の種類又は品質に関する不適合については，

> 適用しない。
>
> （抵当権等がある場合の買主による費用の償還請求）
> 第570条　買い受けた不動産について契約の内容に適合しない先取特権，質権又は抵当権が存していた場合において，買主が費用を支出してその不動産の所有権を保存したときは，買主は，売主に対し，その費用の償還を請求することができる。

　上記のように，改正法案では，売主が契約に基づいて契約の内容に適合する物を引き渡す義務を負うことを前提に，債務不履行責任の一環として引き渡した目的物に関する担保責任を負うと整理している（契約責任説の採用，法定責任説の否定）。

　改正法案では，現行民法の「隠れたる瑕疵」（民法570条）の概念は，目的物が，「種類，品質又は数量に関して契約の内容に適合しない」場合（契約不適合）の概念に置き換えられることとなる。そして，目的物の契約不適合を知らないことに関する買主の無過失の要件（現行民法の「隠れたる」の要件）は不要となる。このように，「契約不適合」の概念が新たに「瑕疵」の概念に代わって採用されているのであるが，「契約不適合」の概念の内容は，従前の「瑕疵」の概念を，契約との関係という観点から，より明確化する面が大きいと考えられる。従来においても，売主の瑕疵担保責任に関する従前の判例（最判平22・6・1民集64巻4号953頁（ふっ素事件）等）上，「瑕疵」の有無の判断としては，契約当事者が，当該契約において，どのような品質・性状の物を予定していたのかが重視されていたといえるのである（上記(1)参照）。

　ただし，民法としては新たな概念である「契約の不適合」について，細かなところで「瑕疵」と異なる点があるのかどうか等については，今後の裁判例や学説の動向に留意する必要がある。上記(1)以下で述べた瑕疵担保責任に関する議論は，今回の改正が成立すれば，「契約不適合」の該当性について一応の参考にされるものと思われる。

　また，実際上はより重要とも思われる点として，上記したように，買主の救済手段について，広く履行の追完請求権や代金減額請求権が民法上認められることになっている。

2 債務不履行責任

(1) 概　　説
　次に，土地の売買などの契約関係にある者の間同士では，契約義務違反や説明義務違反などを理由として，債務不履行に基づく損害賠償請求（民法415条）が問題になるケースも多い。
　これらのケースでは，いかなる場合に契約上の義務違反となるか，また，説明義務が肯定されるかが問題となる。

(2) 契約義務違反（債務不履行）
　東京地判平19・10・25判時2007号64頁では，建物の賃借人が土壌汚染を生じさせたというケースにおいて，賃借人の原状回復義務違反を理由として，土壌調査費用および土壌汚染対策工事費用相当額の損害賠償請求が認められた。
　本判決は，賃借人が目的物を原状に復したうえで返還する義務を負い，建物賃貸借については，建物だけでなく，その敷地である土地についても原状回復義務を負っていることを前提として，敷地の土壌を汚染した場合には，当該汚染物質を除去したうえで賃貸人に土地を返還する義務があるとし，本件土壌汚染は，被告による鉛やトリクロロエチレンの使用が原因であると認定して，被告の債務不履行責任を肯定したものである。
　賃貸借契約については，各契約の内容にもよることになろうが，この判決によれば，原状回復義務として汚染土壌の浄化まで求められることになり，これを果たさない場合には損害賠償義務を負うことになると考えられる。

(3) 説明義務違反
　裁判例上，土壌汚染に関する説明義務の違反が認められたものとしては，以下のものがある。なお，後記3の大阪地判平20・1・31判例集未登載（平成16年（ワ）14737号損害賠償請求事件）では，控訴審において，資産譲渡契約に基づく信義則上の情報提供義務の違反の主張がされている。

① 東京地判平15・5・16判時1849号59頁

本事例では，地中にコンクリートがら等の埋設物が存在していた土地の売買について，売主の瑕疵担保責任とともに，説明義務違反による債務不履行責任が認められた。

本判決が，説明義務の存在を認めた判示は，次のとおりである。

> 「前記のとおり，本件売買契約は，原告において，本件土地を一般木造住宅の敷地として分譲販売することを前提に，原告の購入申入れを端緒として交渉が始まり，双方の交渉の結果，価格の点での合意がなり，被告の申出を受け，本件免責特約が合意の一内容となって成立したものであること，本件土地は売主である被告がもともと自ら業者に依頼して従前建物を建築し，その敷地として自用し，従前建物の解体・撤去も被告自身が業者に依頼して行ったものであり，本件土地内に従前建物解体・撤去に伴う地中埋設物が残置しているか否かについて，第一次的に社会的責任を負うべき立場にあるとともに，これを容易に把握しうる立場にあったものと認められるところ，上記本件免責特約を含む本件売買契約成立の経過及び本件地中埋設物に関して被告が有していた地位に照らせば，被告は，原告との間において，本件免責特約を含む本件売買契約を締結するに当たり，本件土地を相当対価で購入する原告から地中埋設物の存否の可能性について問い合わせがあったときは，誠実にこれに関連する事実関係について説明すべき債務を負っていたものと解するのが相当である。」

② 東京地判平18・9・5判時1973号84頁

本事例は，土壌汚染が生じている土地の売買において，売主の説明義務違反が肯定されたものである。

この裁判例は，土壌汚染に関する説明義務（信義則上の付随義務）が認められる根拠として，以下のとおり判示しており，注目される。

> 「商法526条の規定からすれば，買主である脱退原告に売買目的物たる同土地の瑕疵の存否についての調査・通知義務が肯定されるにしても，土壌汚染の有無の調査は，一般的に専門的な技術及び多額の費用を要するもの

> である。したがって，買主が同調査を行うべきかについて適切に判断をするためには，売主において土壌汚染が生じていることの認識がなくとも，土壌汚染を発生せしめる蓋然性のある方法で土地の利用をしていた場合には，土地の来歴や従前からの利用方法について買主に説明すべき信義則上の付随義務を負うべき場合もあると解される。」

本判決は，売主は，土壌汚染の存在自体については善意であるとしても，土地の来歴や従前からの使用方法についての説明義務を負う場合があることを認めた裁判例として参考になる。

(4) 和解契約違反

以上のような類型と異なり，産業廃棄物処理業者と住民らが紛争となり，訴訟において和解を行ったところ，後日，当該産業廃棄物処理業者が和解条項に違反したため，住民らが和解条項の違反により精神的損害を被ったとして産業廃棄物処理業者に対して1人当たり5万円の慰謝料請求をしたところ，認容された事案に関する裁判例として，高松地判平8・12・26判時1593号34頁がある。

この判決は，産業廃棄物処理業者による「和解条項違反行為は債務不履行としては異例なほど態様が悪質」であって，住民らに健康不安，名誉感情の毀損等による精神的損害が生じたと認めている。

本件は，原告らは損害金として各金5万円を一律に請求した。こうした一律請求は，公害訴訟などで使用されることが多いが，立証困難の救済および訴訟遅延の防止という訴訟技術的理由，原告間の公平をはかり団結を維持するといった運動論的な理由などによるものといわれている。

なお，本件については，不法行為と構成することによっても，請求は認められたものと考えられる（ただし，不法行為の場合，受忍限度か否かという論点が生じることに留意が必要である）[6]。

---

6 難波譲治「豊島産業廃棄物公害訴訟第1審判決—産廃業者の和解条項違反による廃棄物除去及び慰謝料請求」百選124頁。

③　不法行為責任

　契約当事者間においても，たとえば，大阪高判平25・7・12判時2200号70頁の事案では，産業廃棄物の埋設された土地の売買契約において，売主の不動産業者である買主に対する説明義務違反の不法行為が認められている。なお，この事案においても，売主の説明義務違反が生ずる前提として土地に瑕疵が必要であるとし，瑕疵の判断について最判平22・6・1民集64巻4号953頁（ふっ素事件）の判断枠組みが用いられている。

　このほかにも，土壌汚染の説明義務違反による不法行為が問題となった裁判例として，大阪地判平20・1・31判例集未登載（平成16年（ワ）14737号損害賠償請求事件），広島高岡山支判平24・6・28 LLI/DBL06720346がある。ここでは，大阪地判平20・1・31の事案を解説する。

　大阪地判平20・1・31の事案では，原告が被告との間で土地を含む資産の譲渡契約を締結するに際して，被告が原告に対し，目的となった土地が鉛等の有害物質に汚染されていたことについて適切な情報を提供する義務に違反した過失があったことにより，原告が汚染を前提としない価格で土地を購入するなどさまざまな損害を被ったと主張して，被告に対し，不法行為に基づき，約45億円の損害賠償請求をした事案である。

　裁判所は，企業買収交渉における企業は，それぞれ自ら情報を収集し，相手方と交渉を行う能力を有していると考えられるから，原則として，各当事者は，自らの責任において情報を収集し，その結果として生じる危険も自ら負担すべきであるとしたうえで，当事者間の合意を超えて信義則上の情報提供義務があるといえるためには，信義則上の義務なくしては当事者間の衡平を維持し難いというべき事情が必要であると述べた。

　そのうえで，裁判所は，本件における被告の土壌汚染に関する認識の有無・程度，原告による被告への質問の機会の有無やその態様等を含めた諸々の事実関係を検討のうえ，本件で行われた環境デューディリジェンス実施時等の時点において，原告は，被告に対し，信義則上の情報提供義務があったとはいえないと判断し，原告の請求を棄却した。

判決では，被告（売主）が土壌汚染を具体的に認識していたとは認められない理由として，被告は契約交渉に至る前から毎月1回排水について自主調査を行うとともに，毎年1回程度下水道局による抜き打ち検査を受けていたが，その中で大規模な汚染が検出されたとは認められない等の事情が認定されている。客観的には土壌汚染が存在する場合において，土壌汚染の具体的認識が否定されるときの事情として参考になる。

本件については，原告から控訴がされ，追加の法律構成（土壌汚染対策法に基づく責任，資産譲渡契約に基づく補償責任，資産譲渡契約に基づく売主の信義則上の付随義務違反に基づく責任等）も主張されて被告の損害賠償責任の有無や範囲が争われたが，同事件では，控訴審で和解が成立している。

4 表明保証違反

たとえば，M&A契約（株式譲渡契約等）における表明保証条項に土壌汚染に関する規定が置かれることがある。たとえば，以下のような規定である。

【規定例】
　○○（売主）の知る限り，本件土地においては，本件土地の使用に悪影響を及ぼす地中障害物，土壌汚染その他の事由の存在は確認されていないこと。

表明保証とは，一定の時点（通常は，契約時とクロージング時）における契約当事者に関する事実，契約の目的物の内容等に関する事実について，当該事実が真実かつ正確である旨契約当事者が表明し，相手方に対して保証するものである。

表明保証の法的性質については，判例や学説上確立した見解が示されている状況ではないものの，昨今の議論状況を踏まえれば，概ね，表明保証条項を瑕疵担保責任の1つとして損害賠償について定める規定と整理する瑕疵担保特約説と，表明保証条項および補償条項を別途特別な損害補塡に関する合意であると整理する損害担保契約説とに分類されることが多いが，後者の立場が多数説と考えられる。

表明保証は，民法が定める瑕疵担保責任規定を補完する機能を果たす。

表明保証条項に違反した場合には，規定内容にもよるが，補償条項（Indemnity）等を通じた損害等への賠償請求，クロージングを実行しないことなどの法的効果につながることになるのが一般的である。

なお，株式譲渡契約の事例であるが，買主が表明保証違反について悪意または重過失である場合には，売主において表明保証違反に基づく責任を免れると解する余地があることを判示した裁判例として，東京地判平18・1・17判時1920号136頁（アルコ事件）がある。

同裁判例は，概要以下のように判示しており，参考になる。

> 売主が表明保証を行った事項に違反していることについて買主側が善意であることが重大な過失によることが認められる場合には，公平の見地に照らし，悪意の場合と同視し，売主は本件表明保証責任を免れると解する余地がある。

第4節

契約当事者間以外の紛争

1 不法行為責任

(1) 概　説

　契約当事者間以外で環境汚染による損害を被った場合には，基本的には不法行為（民法709条）の成否が問題となる（特別法による損害賠償請求については，それぞれ後述する）。

　民法709条は，「故意又は過失によって他人の権利又は法律上保護される利益を侵害した者は，これによって生じた損害を賠償する責任を負う。」と規定する。不法行為責任が成立するためには，故意または過失，権利または法律上保護される利益の侵害（違法性），因果関係，損害の発生が必要である（民法709条）。なお，過失は規範的要件であり，実際の訴訟では，過失を根拠付ける事実，障害する事実が主要事実として主張され，立証されることになる。

　環境訴訟では，次項以下に述べるとおり，これらの不法行為の成立要件について多くの論点が存在する。

(2) 故意または過失

① 故意・過失

(a) 概　説

　環境訴訟で故意が問題となることは多くなく，実際の訴訟では多くの場合，問題となるのは過失の存否である。

　過失とは，一定の状況下でなすべき注意義務の違反である。判例では，加害者に結果発生の予見可能性が必要であるのみならず，結果回避義務違反が必要

とされている（大判大5・12・22民録22輯2474頁（大阪アルカリ事件））。

大阪アルカリ事件の判決は，このように過失の要件として結果回避義務を必要とする立場にたちつつ，被告がその事業の性質に従って「相当の設備」を施していれば，もはやそれ以上の期待はできないのであって，民法709条にいう故意・過失があるとはいえないとした。

しかしながら，このような「相当な設備」を基準に結果回避義務違反の有無を判断するという立場は，その後の下級審裁判例においてもとられていない。裁判例による「相当の設備」論からの離脱の方向については重要であるので，後記(b)において改めて解説を行うが，学説上もこのような大阪アルカリ事件判決による「相当な設備」論には批判が多かった[7]。

(b) 公害事案における企業側の高度の注意義務（操業上の過失，立地上の過失）

環境法分野では，特に公害事案のような，少なくとも人の生命や身体の侵害があるような場合には，高度の予見義務および（操業停止義務を含む）結果回避義務が認められることが多い（たとえば，熊本地判昭48・3・20判タ294号108頁（熊本水俣病第1次訴訟），新潟地判昭46・9・29判時642号96頁（新潟水俣病事件）等）。

このうち，たとえば，新潟地判昭46・9・29判時642号96頁（新潟水俣病事件）は，以下のとおり判示している。

> 「……化学企業が製造工程から生ずる排水を一般の河川等に放出して処理しようとする場合においては，最高の分析検知の技術を用い，排水中の有害物質の有無，その性質，程度等を調査し，……生物，人体に危害を加えることのないよう万全の措置をとるべきである。……<u>最高技術の設備をもってしてもなお生命，身体に危害が及ぶおそれがあるような場合には，企業の操業短縮はもちろん操業停止までが要請されることがあると解する。</u>……企業の生産活動も，一般住民の生活環境保全との調和において許されるべきであり，住民の最も基本的な権利ともいうべき生命，健康を犠牲にしてまで企業の利益を保護しなければならない理由はない……。」

（注：下線は筆者による）

---

7 潮見佳男「大阪アルカリ事件―大気汚染と故意・過失」百選4頁。

こうした事案では，被告企業にとっては，無過失責任に近い，非常に厳しい注意義務が課されているといえよう。

また，上述のような操業における過失のほか，立地の過失の責任が問われた例としては，津地四日市支判昭47・7・24判時672号30頁（四日市ぜんそく損害賠償請求事件）があり，概要，以下のとおり判示されている。

> 「コンビナート工場群と相前後して集団的に立地しようとするときは，汚染の結果が付近住民の生命・身体に対する侵害という重大な結果をもたらすおそれがあるから，それを回避するために，事前に排出物質の性質と量，排出施設の居住地域との位置・距離関係，風向，風速などの気象条件などを総合的に調査研究し，付近住民の生命・身体に危害を及ぼさないように立地すべき注意義務がある。<u>付近住民の健康に及ぼす影響について何らの調査・研究もせずに漫然と立地したことには過失がある。</u>」

（注：下線は筆者による）

ちなみに，操業における過失との関係では，後述するとおり，水質汚濁防止法と大気汚染防止法のもとでは，原因者である工場・事業場の事業者（道路管理者は対象外である）に無過失損害賠償責任が認められることが規定されている。

② 過失責任主義の修正

環境法分野では，後述のとおり，加害者が過失の有無にかかわらず損害賠償責任を負う無過失賠償責任制度が一部の特別法において導入されている（鉱業法109条，原子力損害の賠償に関する法律3条，船舶油濁損害賠償保障法3条など。大気汚染防止法25条，水質汚濁防止法19条が健康被害の無過失賠償責任を限定的に肯定している）。これは，他人に対して危険を作出する者はその危険性に応じた責任を負うとする危険責任の法理に基づいた考え方が採られているのである。

たとえば，鉱業法109条による請求がされた裁判例として，富山地判昭46・6・30判タ264号103頁，名古屋高金沢支判昭47・8・9判タ280号182頁（イタイイタイ病事件）等があるなど，特別法による責任追及は実務上ある程度積極的に利用されている。

こうした無過失賠償責任制度への対応として，事業者としては，任意保険への加入なども検討する必要がある。

(3) 権利・利益侵害（違法性）
① 違法性の判断と受忍限度論

不法行為の成立要件のうち，違法性の判断は，伝統的には，被侵害利益の種類・性質と侵害行為の態様との相関関係によって判断されると整理されてきた（相関関係説）。

環境民事訴訟の分野では，いかなる場合に不法行為上の違法性が認められるかについては，侵害が社会通念上許容すべき限度を超えるか否かを基準とする受忍限度論が問題となることが多い。

裁判における違法性（受忍限度）の判断要素としては，判例（最判平7・7・7民集49巻7号1870頁（国道43号線事件））が以下の4点を主に考慮していることが参考になる[8]。

(i)　侵害行為の態様と侵害の程度
(ii)　被侵害利益の性質と内容
(iii)　侵害行為の持つ公共性の内容と程度
(iv)　被害の防止に関する措置の内容等

このうち特に問題となるのは，(iii)侵害行為の持つ公共性の内容と程度，および，(iv)と関連する防止措置の困難性をどう取り扱うかである。

最高裁判例は，(iii)の公共性については，考慮はするが，重視はされていない。(i)侵害行為の態様と侵害の程度，(ii)被侵害利益の性質と内容，(iv)被害の防止に関する措置の内容等とともに，総合的に考慮する立場を採用している[9]。

また，最高裁判例の内容について重要なこととしては，(iii)侵害行為の持つ公共性の内容と程度については，周辺住民が当該施設の存在によって受ける利益とこれによって受ける被害との間に，後者の増大により必然的に前者の増大が

---

[8] 最判昭56・12・16民集35巻10号1369頁（大阪国際空港事件），最判平5・2・25民集47巻2号643頁（厚木基地騒音公害訴訟）も，同じような枠組みを用いている。
[9] 大塚667頁，大塚BASIC 398頁。

伴うというような「受益と被害の彼此相補の関係」が成り立つか，被害対策が見るべき効果を上げているかを検討すべきとしている点である[10]。

これに対し，学説上では，公害は一旦被害が発生した後は，ある程度確実な認識の下に被害が継続的に生ずるものであること，公共性が高い施設によって特別の犠牲を払った者については，それだけ補償の必要が大きいのであり，その負担は社会に転嫁されるべきであると解されるなどとして，公共性考慮否定説も有力に主張されている[11]。和泉市火葬場事件（大阪地岸和田支決昭47・4・1判時663号80頁），名古屋新幹線事件第1審判決（名古屋地判昭55・9・11判タ428号86頁）は，この立場に立つとされる。

公害については，受忍限度が請求原因の問題か，抗弁の問題かは議論がある[12]。請求原因では，「権利が侵害された」ということを主張すれば足り，これに対し，「かかる侵害は受忍限度内である」というのは被告のほうで主張すべきというのが抗弁説の考え方である。これに対し，請求原因説は違法を主張するためには，「受忍限度を超えた権利の侵害があった」ということを主張しなければならない考え方である。受忍限度を違法性阻却事由と考える抗弁説のほうが多数説であるといえる。

上述のような最高裁判例による定式については，道路公害や空港公害に関する判断の定式を示したものであり，それ以外の公害・生活妨害を当然に射程に収めているわけではなく，その他の公害・生活妨害については，最高裁の定式をどの程度用いるかを検討する必要がある[13]。

② **損害賠償請求の違法性判断と差止請求の違法性判断の相違**

最判平7・7・7民集49巻7号2599頁（国道43号線事件）は，「道路等の施設の周辺住民からその供用の差止めが求められた場合に差止請求を認容すべき違法性があるかどうかを判断するにつき考慮すべき要素は，……施設の供用の差止めと金銭による賠償という請求内容の相違に対応して，違法性の判断において各要素の重要性をどの程度のものとして考慮するかにはおのずから相違があ

---

10 大塚667頁，大塚BASIC 398頁。
11 大塚667頁，大塚BASIC 398頁。
12 大塚BASIC 397頁。
13 大塚BASIC 399頁。

るから，右両場合の違法性の有無の判断に差異が生じることがあっても不合理とはいえない」と述べて，損害賠償請求の違法性判断と差止請求の違法性の判断とで差異が生じることは不合理ではないと判断している。

これは，損害賠償請求と差止請求では，違法性の各判断ファクターの重要性に相違があるという考え方を採用したものと考えられる[14]。

最高裁は，国道43号線事件において，差止請求では，道路の公共性をかなり重要視している[15]。国道43号線事件では，差止請求は否定されている。

(4) 因果関係

① 原則論

因果関係については，加害行為と損害発生との間の因果関係が必要である。

環境民事訴訟分野では，複数の汚染源や多数の被害者が問題となる場合，被害発生の科学的メカニズムが複雑であり解明が容易でない場合など，因果関係（事実的因果関係）の存否が問題となることが多い。

因果関係の立証については，一点の疑いも許されない自然科学的証明ではなく，経験則に照らして全証拠を総合検討し，特定の事実が特定の結果発生を招来した関係を是認し得る高度の蓋然性を証明することが必要である（最判昭50・10・24民集29巻9号1417頁（東大ルンバール事件），最判平12・7・18判時1724号29頁（長崎原爆被爆者事件））。

② 因果関係の立証の困難緩和の諸法理

もっとも，被害者救済の観点からは，因果関係の立証の困難を緩和するため，裁判例上，以下のようなさまざまな立証上の工夫がされ，被害者救済が図られてきた[16]。

(a) 証明度の軽減

最判昭56・12・16民集35巻10号1369頁（大阪国際空港事件）は，航空機の騒音等と原告らの損害との間の因果関係を認めるにあたり，「本件のような航空

---

14 大塚682頁。
15 法曹会編『最高裁判例解説民事篇 平成7年度（下）』（法曹会，1998年）739頁，野村豊弘「国道43号線訴訟上告審判決―道路の騒音・自動車排気ガスによる侵害の差止めと損害賠償」百選100頁。
16 大塚671頁，越智88頁，北村喜宣『環境法（第4版）』（弘文堂，2017年）206頁。

機騒音の特質及びこれが人体に及ぼす影響の特殊性並びにこれに関する科学的解明が十分に進んでいない状況にかんがみるときは，原審が，その挙示する証拠に基づき，……原判示の疾患ないし身体障害につき右騒音等がその原因の一つとなっている可能性があるとした認定判断は，必ずしも経験則に違反する不合理な認定判断として排斥されるべきものとはいえず，……」と述べ，科学技術の水準を考慮した証明度の軽減を認めている[17]。

(b) **因果関係の推定**（門前理論）

新潟地判昭46・9・29判時642号96頁（新潟水俣病事件）は，因果関係（事実的因果関係）で問題とされる点を，(i)被害疾患の特性とその原因（病因）物質，(ii)原因物質が被害者に到達する経路，(iii)加害企業における原因物質の排出に分けたうえで，(i)，(ii)について矛盾なく説明できれば，(iii)については，むしろ企業側において，自己の工場が汚染源になり得ない理由を証明しない限り，その存在を事実上推認されるとしたものである。すなわち，因果関係を被害者の人体から企業の「門前」までたどることができれば，因果関係が推定され，あとは企業のほうで因果関係が存在しないことを証明する必要があることになり，「門前理論」とも呼ばれる。

(c) **疫学的因果関係論**

これは，裁判所の経験則の1つであり，被害発生の原因について，元来，伝染病等の流行の原因を明らかにするために用いられてきた医学上の手法である「疫学」によって証明できた場合に，原因と被害との因果関係を推認するものである（富山地判昭46・6・30判タ264号103頁，津地四日市支判昭47・7・24判時672号30頁（四日市ぜんそく損害賠償請求事件），名古屋高金沢支判昭47・8・9判タ280号182頁（イタイイタイ病事件），大阪地判昭59・2・28判タ522号221頁（多奈川火力発電所事件），千葉地判昭63・11・17判タ689号40頁（千葉川鉄事件）等参照）。

津地四日市支判昭47・7・24判時672号30頁（四日市ぜんそく損害賠償請求事件）によれば，疫学的因果関係が認められるには，以下の4つの要件を満たすことが必要である。

(i) その因子が発病の一定期間前に作用するものであること

17　兼子一原著『条解民事訴訟法（第2版）』（弘文堂，2011年）1365頁〔竹下守夫〕.

(ii) その因子の作用する程度が著しいほど，その疾病の罹患率が高まること

(iii) その因子が取り去られた場合にその疾病の罹患率が低下し，また，その因子を持たない集団ではその罹患率が極めて低いこと

(iv) その因子が原因として作用するメカニズムが生物学的に矛盾なく説明できること

同裁判例では，疫学調査として，罹患率調査，住民検診，学童検診，死亡率調査，磯津検診，公害病認定制度と認定患者の状況，医療機関における患者の推移，天地効果および空気清浄器の効果等，硫黄酸化物濃度とぜんそく発作との関係などが吟味された。

(d) 確率的因果関係論／確率的心証論

東京地判平4・2・7判時臨増［平成4年4月25日］3頁（水俣病東京訴訟），大阪地判平6・7・11判時1506号5頁（水俣病関西訴訟）は，因果関係の立証について「高度の蓋然性」が必要であるとの一般論を承認しつつも，高度の蓋然性の証明がない場合でも，原告が水俣病に罹患している相当程度の可能性が認められるときは，被告の損害賠償責任を否定するのは妥当でなく，むしろこれを認めたうえで，その可能性の程度を損害賠償の算定にあたって反映させるべきとした（たとえば，東京地判平4・2・7判時臨増［平成4年4月25日］3頁（水俣病東京訴訟）は，「相当程度の可能性」[18]の証明によって個別的因果関係を認定するとした）。

---

18 この裁判例のいう「相当程度の可能性」をどのように理解するかについては，学説が分かれている（宮澤俊昭「熊本水俣病事件と認定問題―水俣病東京訴訟」百選64頁）。

　第1は，確率的因果関係論を採用したとする見解である。確率的因果関係論とは，因果関係の存否が真偽不明の場合に，伝統的な二者択一的な判断枠組みにおける証明責任による解決をせず，因果関係の存在する客観的確率に応じて損害賠償責任を認める，という見解である。

　第2は，心証度による割合的認定論（確率的心証論）を採用したとみる見解である。これは，二者択一的因果関係論を緩和するために，裁判官の内心の状態である主観的心証の割合（心証度）を損害賠償額の算定に反映させることを認める見解である。

　第3は，証明軽減論を採用したとみる見解である。これは，証明があったといえるために本来は必要とされる証明度を下回ったときであっても，一定の要件の下で例外的に証明ありとすることを認める見解である。

(5) 損害の発生

① 損害・請求の方式

損害については、経済的損失である財産的損害、精神的苦痛・肉体的苦痛である非財産的損害に大きく分けられる。財産的損害は、さらに積極損害（治療費、通院費など）と消極損害（逸失利益）に分けられる。非財産的損害に対する賠償が慰謝料である。

後にも述べるが、金銭評価が原則である損害は、財産的損害（積極損害、消極損害）と非財産的損害のそれぞれについて個別に主張立証する個別的算定方式が基本となる。たとえば、被害者が被った損害は、治療費〇〇万円、通院費〇〇万円、逸失利益〇〇万円、慰謝料〇〇万円等、合計〇〇万円として請求をするのが一般的である。

もっとも、環境訴訟では、個別的算定方式による具体的な損害の立証困難およびその煩わしさを回避し、原告ごとに請求額に差をつけないことで集団訴訟追行上の技術的な困難を回避する「包括一律請求」が採られることも多い[19]。これは、財産的損害と非財産的損害とを個別に分けて主張するのではなく、損害については、合計で慰謝料として〇〇円であるなどと主張するものである。これに伴い、裁判所も、被害者の被害の性質・内容・程度等に応じ、ある程度の類型に分けるなどして、それぞれ慰謝料額をいくらと認定することになる（たとえば、△△病に罹患した被害者の慰謝料〇〇万円、△△病に罹患して死亡した被害者の慰謝料〇〇万円など）。

また、損害の発生との関係では、後述のとおり、環境民事訴訟分野では、継続的な侵害に関し、過去にすでに発生した損害の賠償のみならず、将来発生する損害の賠償を請求できるかどうかが問題となっている。これまでの最高裁は、将来発生する損害の賠償を認めるのには厳しい態度をとっている（最判昭56・12・16民集35巻10号1369頁（大阪国際空港事件）、最判平19・5・29判時1978号7頁（新横田基地事件）、最判平28・12・8裁判所HP〔平成27年（受）2309号〕等）。

なお、英米法には存在する懲罰的損害賠償は、我が国では認められていない。

---

19 集団訴訟における被害および因果関係の証明について述べた判例として、最判昭56・12・16民集35巻10号1369頁（大阪国際空港事件）がある。

② 損害賠償の方法

民法722条1項によれば，不法行為による損害賠償は，当事者間の特約がない限り，金銭賠償の方法によるものとされている。このような金銭賠償の原則は，公害の場合には，金銭によって修復が困難な損害も多く，立法論的に問題とされる[20]。

なお，特別法では，鉱害賠償については，賠償金額に対して著しく多額の費用を要しないで原状の回復をすることができる場合には，例外的に，被害者が原状回復による賠償を請求することができると定められている（鉱業法111条2項）。

③ 風評被害

(a) 概　論

環境民事訴訟において，しばしば損害の内容として主張されるものに，風評被害（「風評損害」と呼ばれることもあるが，本書では，裁判例の引用を行う場合のほか，「風評被害」の呼称で統一する）がある。

風評被害という概念は法令上定義された用語ではないが，実務上，当該概念自体は定着してきており，損害の類型の1つとして認められてきた。

(b) 裁　判　例

裁判例においても，「本件臨界事故と相当因果関係が認められる限度で風評損害として認めることができると考えられる」と判示されるなど（東京地判平18・4・19判時1960号64頁（東海村JCO臨界事故風評事件）），風評被害の概念はある程度定着してきている[21]。

上記裁判例によれば，風評被害が原子力関連施設の臨界事故と相当因果関係のある損害と認められるためには，製品の買い控えを行った消費者の心理状態が一般に是認できるものであるか否かが重要なポイントになる。

20　大塚679頁。
21　風評被害に関する裁判例としては，以下のもの等がある。名古屋高金沢支判平元・5・17判時1322号99頁，東京高判平17・9・21判時1914号95頁，東京地判平18・1・26判時1951号95頁，東京地判平18・2・27判タ1207号116頁，横浜地判平18・7・27判時1976号85頁。

(c) 東京電力株式会社福島第一，第二原子力発電所事故による原子力損害の範囲の判定等に関する中間指針

2011年3月11日に発生した東日本大震災に伴い，東京電力株式会社の福島第一，第二原子力発電所において事故（以下本項において「本件事故」という）が発生したが，原子力損害の賠償に関する法律18条2項2号に基づき，原子力損害紛争審査会が2011年8月5日に発表した「東京電力株式会社福島第一，第二原子力発電所事故による原子力損害の範囲の判定等に関する中間指針」（以下「本指針」という）によれば，「いわゆる風評被害」についても，損害賠償の対象とされている。

本指針では，風評被害について確立した定義はないと指摘したうえで，同指針における「風評被害」とは，「報道等により広く知られた事実によって，商品又はサービスに関する放射性物質による汚染の危険性を懸念し，消費者又は取引先が当該商品又はサービスの買い控え，取引停止等を行ったために生じた被害を意味するものとする」とされている。

そのうえで，本指針では，「風評被害」についても，本件事故と相当因果関係のあるものであれば賠償の対象とし，その一般的基準としては，消費者または取引先が，商品またはサービスについて，本件事故による放射性物質による汚染の危険性を懸念し，敬遠したくなる心理が，平均的・一般的な人を基準として合理性を有していると認められる場合とすると述べられている。

本指針は，「風評被害」に関する裁判例が認めていた考え方と実質的に同様の内容を明記したこと，また，「風評被害」として認められる損害項目を詳細に列挙したことに重要な意義がある。その内容は，今後，風評被害が問題となる事例でも参考になると考えられる[22]。

どのような「風評被害」が本件事故と相当因果関係のある損害と認められるかは，業種ごとの特徴等を踏まえ，営業や品目の内容，地域，損害項目等により類型化したうえで，次のように考えるものとすると述べられている。

(i) 一定の範囲の類型については，本件事故以降に現実に生じた買い控え

---

22 山崎良太編著『製品事故・不祥事対応の企業法務』（民事法研究会，2015年）102頁。

> 等による被害（後述の損害項目を参照）は、原則として本件事故と相当因果関係が認められるものとする。
> (ⅱ) (ⅰ)以外の類型については、本件事故以降に現実に生じた買い控え等による被害を個別に検証し、上述の一般的な基準に照らして、本件事故との相当因果関係を判断するものとする。その判断の際に考慮すべき事項については、本指針又は今後作成される指針において示すこととする。

「損害項目としては、消費者又は取引先が商品又はサービスの買い控え、取引停止等を行ったために生じた次（著者注：【図表２】）のものとする」。

【図表２】 損害項目

営業損害	取引数量の減少または取引価格の低下による減収分及び合理的な範囲の追加的費用（商品の返品費用、廃棄費用等）
就労不能等に伴う損害	取引数量の減少等に伴う減収により、事業者の経営状態が悪化したため、そこで勤務していた勤労者が就労不能等を余儀なくされた場合の給与等の減収
検査費用	取引先の要求等により実施を余儀なくされた検査の費用

2　共同不法行為責任

　公害等の環境汚染は、１つの企業によってもたらされることもあるが、複数の企業の事業活動によってもたらされることが多い。
　民法は、数人が共同の不法行為によって他人に損害を加えたときは、各自が連帯してその損害を賠償する責任を負うとしている（民法719条１項前段）。また、共同行為者のうちいずれの者がその損害を加えたかわからない場合も同様とされている（同法719条１項後段）。教唆者や幇助者も同様の責任を負うとされている（同法719条２項）。
　以下、共同不法行為の成立等が問題となった環境各分野における重要な事例を紹介する。

第2章 損害賠償請求訴訟

(1) 最高裁判例（水質汚濁分野）

水質汚濁による損害について共同行為者の損害賠償請求を認容した最高裁判決として，最判昭43・4・23民集22巻4号964頁（山王川事件）がある。

この判例の事案では，国が設置したアルコール工場の廃液を山王川上流に放出してきたが，稀にみる干ばつが続いたため，稲作を行っていた農業者らが同川の流水を灌漑用水として全面的に利用せざるを得なくなったが，排水に含まれていた多量の窒素のために稲作における減収が生じ，また，灌漑用水を得るための深井戸を掘る費用を要したというものである。農業者らは，国家賠償法2条，民法709条に基づき国に対して損害賠償請求をした。

最高裁判決は，共同行為者の流水汚染により惹起された損害と各行為者の賠償すべき損害の範囲に関して，次のとおり判示した。

> 「共同行為者各自の行為が客観的に関連し共同して違法に損害を加えた場合において，各自の行為がそれぞれ独立に不法行為の要件を備えるときは，各自が右違法な加害行為と相当因果関係にある損害についてその賠償の責に任ずべきであり，この理は，本件のごとき流水汚染により惹起された損害の賠償についても，同様であると解するのが相当である。」

(2) 従来の下級審裁判例（大気汚染分野が中心）

① 津地四日市支判昭47・7・24判時672号30頁（四日市ぜんそく損害賠償請求事件）

本事例は，三重県四日市市内に居住する住民らが四日市第一コンビナートを構成する企業らが排出した大気汚染によって閉そく性肺疾患に罹患をしたとして，Xら（住民やその相続人ら）がYら企業6社に対して損害賠償請求を行ったものである。企業に関しては，Y_1は石油精製，Y_2は火力発電，Y_3は化学肥料や酸化チタン等の生産等，Y_4はエチレン等の生産等，Y_5は2-エチルヘキサノール，カーボンブラック等の生産等，Y_6は塩化ビニール等の生産等を行っていたものである。

本判決は，以下のような判示をし，Yらについて共同不法行為責任を認め，原告らの損害賠償請求を肯定した。

(i) 共同不法行為について
- 共同不法行為が成立するには，各人の行為がそれぞれ不法行為の要件を備えていることおよび行為者の間に関連共同性があることが必要である。

(ii) 共同不法行為の因果関係について
- 719条1項前段の狭義の共同不法行為の場合には，各人の行為と結果発生との間に因果関係のあることが必要である。
- 因果関係については，各人の行為がそれだけでは結果を発生させない場合においても，他の行為と合わせて結果を発生させ，かつ，当該行為がなかったならば，結果が発生しなかったであろうと認められれば足り，当該行為のみで結果が発生し得ることを要しないと解すべきである。
- 共同不法行為の被害者において，加害者間に関連共同性のあること，および，共同行為によって結果が発生したことを立証すれば，加害者各人の行為と結果発生との間の因果関係が法律上推定される。加害者において各人の行為と結果の発生との間に因果関係が存在しないことを立証しない限り責任を免れない。

(iii) 関連共同性について

■弱い関連共同性
- 共同不法行為における各行為者の行為の間の関連共同性については，客観的関連共同性をもって足りる。
- 客観的関連共同の内容は，結果の発生に対して社会通念上全体として一個の行為と認められる程度の一体性があることが必要であり，かつ，これをもって足りる。
- 本件の場合には，礒津地区に近接して被告ら6社の工場が順次隣接し合って旧海軍燃料廠跡を中心に集団的に立地し，しかも，時を大体同じくして操業を開始し，操業を継続しているのであるから，右の客観的関連共同性を有すると認められる。

■強い関連共同性
- 被告ら工場の間に前述の関連共同性をこえ，より緊密な一体性が認められるときは，たとえ，当該工場のばい煙が少量で，それ自体としては結

- 果の発生との間に因果関係が存在しないと認められるような場合においても，結果に対して責任を免れないことがある。
- 被告3社工場は，密接不可分に他の生産活動を利用し合いながら，それぞれその操業を行い，これに伴ってばい煙を排出しているのであって，被告3社間には強い関連共同性が認められる。また，被告3社らの間には判示の設立の経緯ならびに資本的な関連も認められる。
- これらの点からすると，被告3社は，自社のばい煙の排出が少量で，それのみでは結果の発生との間に因果関係が認められない場合にも，他社のばい煙の排出との関係で，結果に対する責任を免れない。

② 大阪地判平3・3・29判時1383号22頁（西淀川事件第1次訴訟）

本件は，大阪市西淀川区に居住し，公害健康被害補償法に定める指定疾病である慢性気管支炎，気管支喘息，肺気腫および喘息性気管支炎の認定を受けた患者らあるいは死亡した患者の相続人らが，西淀川区およびそれに隣接する尼崎市，此花区等に事業所を有する被告企業10社と西淀川区内を走行する国道2号線，同43号線を設置管理する国，同区内を走行する阪神高速大阪池田線，同大阪西宮線を設置管理する阪神高速道路公団に対し，企業らの事業所の操業および前記各道路の供用により排出された大気汚染物質により健康被害等の損害を受けたと主張して，被告らに対し環境基準値を超える大気汚染物質（ただし窒素酸化物については旧基準値）の排出差止めと損害賠償を求めた事案である。

判決は，共同不法行為については，以下のように判示し，企業らの損害賠償責任を肯定した。

(i) 民法719条1項前段の共同不法行為
■関連共同性
- 民法719条1項前段の共同不法行為が成立するためには，各行為の間に関連共同性があることが必要である。
- 共同不法行為における各行為者の行為の間の関連共同性については，必ずしも共謀ないし共同の認識があることを必要とせず，客観的関連共同性で足りる。
- 民法719条1項前段の共同不法行為の効果としては，共同行為者各人が

- 全損害についての賠償責任を負い，かつ，個別事由による減・免責を許さない。このような厳格な責任を課する以上，関連共同性についても相当の規制が課されるべきである。
- したがって，多数の汚染源の排煙等が重合して初めて被害を発生させるに至ったような場合において，被告らの排煙等も混ざり合って汚染源となっていることすなわち被告らが加害行為の一部に参加している（いわゆる弱い客観的関連）というだけでは不充分であり，より緊密な関連共同性が要求される。
- より緊密な関連共同性とは，共同行為者各自に連帯して損害賠償義務を負わせるのが妥当であると認められる程度の社会的に見て一体性を有する行為（いわゆる強い関連共同性）ということができる。
- 具体的判断基準としては，予見又は予見可能性等の主観的要素並びに工場相互の立地状況，地域性，操業開始時期，操業状況，生産工程における機能的技術的な結合関係の有無・程度，資本的経済的・人的組織的な結合関係の有無・程度，汚染物質排出の態様，必要性，排出量，汚染への寄与度及びその他の客観的要素を総合して判断することになる。
- 本件では，遅くとも昭和45年以降においては，被告企業間には民法719条1項前段に定める共同不法行為が成立する。

(ⅱ) 民法719条1項後段の共同不法行為

■関連共同性
- 民法719条1項後段の共同不法行為においては（右後段の共同不法行為は，共同行為を通じて各人の加害行為と損害の発生との因果関係を推定した規定であり），共同行為者各人は，全損害についての賠償責任を負うが，減・免責の主張・立証が許される。
- 後段の共同不法行為についても，関連共同性のあることが必要であるが，この場合の関連共同性は，客観的関連共同性で足りる（いわゆる弱い関連共同性で足りる）。

■加害者不明の共同不法行為
- 西淀川区の大気汚染は，南西型汚染と北東型汚染とが全体として西淀川区の大気を汚染したいわゆる都市型複合汚染であるが，被告企業らの工

> 場・事業所の排煙が昭和40年代前半までの南西型汚染の主要汚染源の一翼を担っており、また、原告らが右大気汚染により本件疾病に罹患し、その症状が維持・増悪したものである。
> - 西淀川区の大気汚染は、南西型汚染と北東型汚染とが拮抗し、両者相まって原告らの疾病罹患に寄与したもので、昭和40年代前半の南西型汚染における被告企業の寄与度は不明であるが、この場合にも民法719条1項後段の共同不法行為が成立する。

　この判決は、上記判示の下、大気汚染の事案において、企業間の弱い関連共同性の存在のみならず、一部の企業に強い関連共同性の存在まで認めたものであり、民法719条1項前段の共同不法行為責任が問題になる事例において参考になる。

③　従来の主な判例の整理

　民法719条1項前段および同項後段の内容は、47頁で述べたとおりである。
　前記⑴の最判昭43・4・23民集22巻4号964頁（山王川事件）も含め、従来の主要な各判例の判示の異同を整理すると【図表3】のとおりである。この表をみるだけでも、これまでさまざまな環境汚染へ対応するために共同不法行為理論が発展してきたことがわかる。

【図表3】　従来の主な共同不法行為に関する判例の整理

	民法719条1項前段	民法719条1項後段
最判昭43・4・23民集22巻4号964頁（山王川事件）	**客観的関連共同性が必要** （民法719条1項前段・後段を明示せず） →各自の行為が違法な加害行為と相当因果関係のある損害について損害賠償責任を負う。	
津地四日市支判昭47・7・24判時672号30頁（四日市ぜんそく損害賠償請求事件）	①　「弱い関連共同性」（客観的関連共同性：結果の発生に対して社会通念上全体として一個の行為と認められる程度の一体性） →各人の行為が単独では結果を発生させない場合には特別事情と	

	とらえ予見可能性を要求し，そこでは因果関係が推定される。 ② 「強い関連共同性」（緊密な一体性） →たとえ，工場のばい煙が少量で，それ自体としては結果の発生との間の因果関係が存在しないと認められるような場合でも，結果に対して責任を免れないことがある。	
大阪地判平3・3・29判時1383号22頁（西淀川事件第1次訴訟）	「強い関連共同性」が必要 （客観的関連共同性で足りるが，共同行為者各自に連帯して損害賠償義務を負わせるのが妥当であると認められる程度の社会的に見て一体性を有する） →共同行為者各人の個別事由による減免責を許さない。	「弱い関連共同性」で足りる （客観的関連共同性で足りる） →因果関係を推定。

(a) 主観的関連共同性か客観的関連共同性か

従来の共同不法行為に関する裁判例をみると，共同不法行為の成立に必要となる関連共同性としては，主観的関連共同性（共謀や共同の認識を要する）までは必ずしも必要でなく，客観的関連共同性（外観的にみて共同性がある）で足りるとされている。

(b) 「強い関連共同性」と「弱い関連共同性」

そして，関連共同性は，上記の裁判例を含む複数の下級審の裁判例[23]の積み重ねにより，その程度について，いわゆる「強い関連共同性」と「弱い関連共同性」とに区別され，その効果として，共同不法行為の中の個別行為と損害との間の因果関係の立証責任に差を設けるという枠組みとして整理がされてきた。

裁判例のいずれの場合でも，上記のとおり外観的に共同行為とみることができるという意味で客観的関連共同性が必要であるが，それに加えて，裁判例がいう「強い関連共同性」があると認定されるためには，事案にもよるが，たと

---

[23] 横浜地川崎支判平6・1・25判タ845号105頁（川崎大気汚染公害事件第1次訴訟），岡山地判平6・3・23判タ845号46頁（倉敷大気汚染公害事件）。

えば，予見可能性などの主観的要素，および，製品・原材料の受渡し関係の存在，資本の結合性の存在，役員の人的交流関係の存在などの客観的要素が必要であると整理されている[24]（なお，上述のとおり，四日市ぜんそく損害賠償請求事件判決では，コンビナート関連工場でも「弱い関連共同性」にとどまる場合があるとした）。そして，上述のような枠組みを採用する裁判例によれば，「強い関連共同性」が認められれば，共同行為の中の各行為と被害との個別的因果関係は問題とされず（減免責の反証は許されず），「共同の不法行為」により被害を発生させたとして因果関係の存在が擬制され，各行為者が不真正連帯により全損害の賠償責任を負う。

一方，「弱い関連共同性」については，裁判例上，相互の行為が社会通念上一個の行為として客観的に観念できる程度で足りると解されており（たとえば，相当な広い範囲に工場が立ち並んで，いわゆる都市側の大気汚染を発生させているような場合がある），それにより結果が発生したことを立証すれば，個々の行為と結果発生との間に因果関係があることが推定される。減免責の反証は許される。

(c) 従来の下級審裁判例等の傾向のまとめ

以上述べた裁判例の内容（大阪地判平 3・3・29 判時 1383 号 22 頁（西淀川事件第 1 次訴訟）や横浜地川崎支判平 6・1・25 判タ 845 号 105 頁（川崎大気汚染公害事件第 1 次訴訟），岡山地判平 6・3・23 判タ 845 号 46 頁（倉敷大気汚染公害事件）等の最近の複数の共同不法行為に関する下級審裁判例）や関連する近時の学説の内容を整理すると，【図表 4】のような整理が可能である。

【図表 4】 従来の下級審裁判決例等の傾向

根拠規定	関連共同性の程度	行使者間の一体性の程度	効　果
民法 719 条 1 項前段	強い関連共同性	緊密な一体性	個別的因果関係擬制
民法 719 条 1 項後段（類推）	弱い関連共同性	社会通念上の一体性	個別的因果関係推定

24　北村喜宣『環境法（第 4 版）』（弘文堂，2017 年）209 頁，大塚 BASIC 408 頁。

ただし，共同不法行為の解釈論として，このような，いわゆる「強い関連共同性」と「弱い関連共同性」とを区別する最上級審の判例は，現在のところ存在しないことには留意が必要である。

また，後記(3)で述べるように，現在では建設アスベスト事件において，共同不法行為に関するさまざまな主張がされ，特に，「競合行為」により結果が発生したと認められる場合に民法719条1項後段の類推適用を認めて事案の解決を図る裁判例があらわれるなど，共同不法行為理論はより一層の発展を遂げているといえる。

(3) 建設アスベスト事件における近時の各裁判例

近時，建設現場における作業従事者が，吸入すると長い潜伏期間を経て肺がんや悪性中皮腫などの重篤な健康被害を惹き起こす石綿（アスベスト）に曝露したとして，労働安全法規による規制権限の不行使を理由として国を被告とするとともに，石綿含有建材を製造販売した企業らを被告として，全国各地の裁判所に多数の訴訟が提起された。

これらの訴訟においては，共同不法行為の成否等が問題となっており，有力な民法学者による法律意見書等も複数提出されている。

各地の裁判所は，これまでの共同不法行為に関する下級審裁判例の展開や学説上の議論も踏まえて，民法719条1項前段の適用や同項後段の適用・類推適用に関し，概要，【図表5】のような判示を行っている。

【図表5】 建設アスベスト事件における各裁判例

民法719条1項前段	民法719条1項後段	民法719条1項後段類推
①横浜地判平24・5・25訟月59巻5号1157頁		
適用否定 民法719条1項前段の適用のためには，社会観念上全体として1個の行為と評価するに足りるだけの事情（強い関連共同性）が必要であるところ，企業らの行	適用否定 民法719条1項後段は，択一的競合関係にある場合の責任を定めた規定であるところ，原告の主張では，択一的競合関係にある共同行為者の範囲を画していない	適用否定 民法719条1項後段類推適用を行うだけの企業の限定を行っていない。

民法719条1項前段	民法719条1項後段	民法719条1項後段類推
為には，上記の一体性を認めることはできない。	といわざるを得ない。	

②東京地判平24・12・5判時2183号194頁

民法719条1項前段	民法719条1項後段	民法719条1項後段類推
適用否定 民法719条1項前段の適用のためには，結果の発生に関与した複数の行為者について一切の減責の主張を許さず，不真正連帯債務を負わせるという法的効果を正当化するに足りるだけの強固な関係が必要であるところ，企業らの間には上記のような法的効果を正当化するに足りるだけの強固な結びつきがあったとは認めることができない。	適用否定 民法719条1項後段の適用のためには，加害行為が到達する相当程度の可能性を有する行為をした者が，共同行為者として特定される必要があり，かつ，その特定は，各被害者ごとに個別的にされる必要があるところ，本件では，そのような特定はされていない。	適用否定 民法719条1項後段の類推適用のためにも，加害行為が到達する相当程度の可能性を有する行為をした者が共同行為者として特定されることが前提であるが，本件では，そのような特定はされていない。

③福岡地判平26・11・7裁判所HP〔平成23年（ワ）4275号，平成24年（ワ）4492号，平成25年（ワ）1433号〕

民法719条1項前段	民法719条1項後段	民法719条1項後段類推
適用否定 民法719条1項前段の適用のためには，社会通念上一体を成すものと認められる程度の緊密な関連共同性（強い関連共同性）があることを要するところ，本件では，そのような関連共同性は認められない。	適用否定 民法719条1項後段の適用のためには，原告側において「共同行為者」の範囲を特定する必要があり，特定された者以外の者によって損害がもたらされたものではないことを証明することが必要であるところ，本件では，そのような証明がされたとは認められない。	適用否定 累積的競合，重合的競合，寄与度不明の場合においても，民法719条1項後段の類推適用による責任が成立する余地があるとしても，民法719条1項後段の趣旨および効果からすれば，共同行為者の行為が累積ないし重合または寄与することによって損害が発生することによって損害が発生することが明らかな場合に限られる。本件では，そのような主張立証がされていない。

④大阪地判平28・1・22判タ1426号49頁		
適用否定 民法719条1項前段の適用のためには，損害の発生に対して社会通念上全体として一個の行為と認められる程度の一体性が必要であり，共同行為者間に緊密な一体性（強い関連共同性）があることを要するところ，本件では，そのような関連共同性は認められない。	適用否定 民法719条1項後段は択一的競合に関する責任を定めたものである。同項後段の適用のためには，被告とされている共同行為者のうちの誰か（単独または複数）の行為によって全部の結果が惹起されていることを原告において主張立証することを要するものであり，これができない場合には，少なくとも「複数の行為者の行為それぞれが，結果発生を惹起する恐れのある権利侵害行為に参加していること」に加えて，「因果関係を推定し得る加害行為者の範囲が特定され，それ以外に加害行為者となり得る者は存在しないこと」について主張立証を要するところ，本件では，そのような主張立証がされているとは認められない。	適用否定 民法719条1項後段が，択一的競合の場合のみならず，独立的競合，必要的競合，累積的競合および寄与度不明の場合にも適用ないし類推適用されると解したとしても，本件では，独立的競合の場合には，そもそも各共同行為者との関係においてそれぞれ不法行為の成立要件がすべて充足されていなければならないため，各行為者の行為と各被害者に生じた損害との間に因果関係が認められなければならず，その他の場合には，共同行為者の行為が累積ないし寄与することによって損害が発生したことの主張立証が必要であると解されるが，本件では，そのような主張立証がされているとは認められない。

⑤京都地判平28・1・29判時2305号22頁		
適用否定 民法719条1項前段の適用のためには，弱い関連共同性では足りず，主観的または客観的に緊密な一体性としての強い関連共同性があることが必要であるところ，本件では，そのような関連共同性は認められない。	適用否定 民法719条1項後段の適用のためには，弱い関連共同性があれば足り，結果と因果関係を有する行為を行った者は競合行為者のうちの誰かであるという関係（競合関係）があれば足りるが，本件では，弱い関連共同性は認められず，民法719条	適用肯定 民法719条1項後段は，文言上は，択一的競合の場合について定めた規定であるが，累積的競合や重合的競合などさまざまな競合関係がある場合に類推適用が可能である。被害者は，①各加害行為者が結果の全部または一部を惹起する危険性

民法719条1項前段	民法719条1項後段	民法719条1項後段類推
	1項後段の適用にあたって必要となる択一的競合関係の主張がされていない。	を有する行為を行ったことおよび②それらが競合し,「競合行為」により結果が発生したことを主張立証すれば,加害行為者の行為と結果との間に因果関係が推定される。本件では,一定以上のシェアを有する建材メーカーにより販売された建材であり,建材の販売と各被災者の建設作業の時期,地域,使用建物の種類,使用箇所,使用工程および使用方法等が整合していれば,当該建材は,各被災者に到達した蓋然性が高く,かかる建材（責任建材）を製造,販売した建材メーカーは,前記危険を招来した加害行為者となり得る。何％以上のシェアを要するかについては,用途を同じくする建材において,概ね10％以上のシェアを有する建材メーカーが販売した建材であれば,建設作業従事者が,1年に1回程度は,当該建材を使用する建設作業現場において建設作業に従事した確率が高く,同基準を満たすといえ,本件における一部の企業はこの基準を充足するから,民法719条1項後段が類推適用される。

これらの訴訟では，被告とされた企業が数十に及ぶことや，被害者ごとに作業の種類や時期が異なることなどから，被告とされた企業全体の寄与度の割合の立証も困難であり，原告ら側のハードルは高いといわれている[25]。

　【図表5】の①〜④の判決は企業の責任を全面的に否定しているが，⑤の判決は企業の責任を一部肯定するなど，地裁レベルでは判断が分かれており，いずれの判決も控訴がされている。

　現段階ではこうした地裁レベルの判断がどの程度まで上級審で維持されるのかは不透明であり，上級審の判断が待たれる。

(4) まとめ

　以上みてきた環境民事訴訟をきっかけに，共同不法行為に関する議論（①いかなる場合に民法719条1項前段の共同不法行為責任が認められるか。②いかなる場合に民法719条1項後段の加害者不明の共同不法行為責任が認められるか。③その他，民法719条1項後段が類推適用される場合があるのか，さらには，その要件等）は，近時において，より一層進歩してきていると評価することができる。

　上記(3)で述べた建設アスベスト訴訟を通じて，特に民法719条1項後段に関しては，類推適用が認められるべきか，および，その要件をどのように解すべきか，従前よりもより一層深い議論がなされるようになっている。

　一方で，共同不法行為については，最上級審レベルの判例はいまだ数少ない（最判昭43・4・23民集22巻4号964頁（山王川事件）等）。また，下級審レベルにおいても，さまざまな公害等の事案が共同不法行為論による捕捉対象となり，事案ごとに用いられる規範も当然に異なってくる。

　民法719条については，被害者保護という立法の趣旨・目的に沿った解釈が必要であることは否定しがたい。しかしながら，一方で，同規定は個人責任主義を定めた民法709条の一般不法行為責任の原則を修正するものであり，この点は決して看過されてはならない（このような意味で共同不法行為責任を拡張する方向の議論のみが強調されるのも一方的に過ぎると思われる）。

25　交告尚史＝臼杵知史＝前田陽一＝黒川哲史『環境法入門（第3版）』（有斐閣，2015年）244頁。

現在，共同不法行為責任に関するいくつかの裁判例においては，条文に存在しない概念が判示中に用いられ，いかなる場合に共同不法行為が成立するといえるのか，その理解が複雑になっている。

　まず，いくつかの裁判例では，いわゆる「強い関連共同性」，「弱い関連共同性」という概念が用いられており，このような区別は学説上も有力である。もっとも，どのような場合に「強い関連共同性」が認められるか，「弱い関連共同性」しか認められないのかは，程度の問題であり，その限界は曖昧であることは否定できない。また，同じような用語を用いていたとしても，それぞれ範囲が裁判例によって異なるところがないのかは問題である。

　さらに，近時では，共同不法行為責任の検討の中で，さまざまな種類・名称の「競合関係」や「競合行為」という考え方が提唱されている（大阪地判平28・1・22判タ1426号49頁，京都地判平28・1・29判時2305号22頁等）。これらの概念は，現時点では，裁判例や学説上十分に確立した概念とはいえず，少なくともまずは概念整理が必要である。

　裁判例（たとえば，上記大阪地判平28・1・22，京都地判平28・1・29等）が言及するようなさまざまな「競合関係」・「競合行為」のそれぞれの場合に，民法719条1項後段を（類推）適用して，加害者（とされる者）に共同不法行為責任を認めることができるのか，また，その限界をどのように考えるかは，これまで必ずしも十分な議論がされてきていなかったところもあり，今後継続して慎重な検討が必要であると考えられる。

　以上見てきたことからもわかるとおり，民法719条に関しては，今後も，その要件・効果等に関して議論が続くものと思われる。判例や学説においては，「共同の不法行為」（民法719条1項前段），「共同行為者」（同項後段）の範囲等について，民法719条の制度趣旨・目的を踏まえた合理的な限界付けを行うことが引き続き期待されているものと解される。

③ 工作物責任

　民法717条1項は，「土地の工作物の設置又は瑕疵があることによって他人に損害を生じさせたときは，その工作物の占有者は，被害者に対してその損害を

賠償する責任を負う。ただし，占有者が損害の発生を防止するのに必要な注意をしたときは，所有者がその損害を賠償しなければならない。」と規定する。

大阪高判平22・3・5 LEX/DB25501505は，石綿（アスベスト）が建材に使用されていた建物で就労したことにより悪性胸膜中皮腫に罹患・死亡したという事例において，当該建物の所有者兼賃貸人に工作物責任を肯定した（なお，同事件では，安全配慮義務違反に基づく損害賠償請求も主張されていた）。

なお，工作物責任は，故意過失が不要とする無過失責任である。

4 将来の損害賠償請求

環境民事訴訟で時に問題となる論点として，将来の損害賠償請求が認められるかという論点がある。この点が問題となった裁判例として，以下のものが挙げられる。

(1) 最判昭56・12・16民集35巻10号1369頁（大阪国際空港事件）

本件は，大阪国際空港近隣に居住し，または居住していた住民らが，昭和39年以降，ジェット機の就航や第2滑走路の使用などによって，騒音被害が一層酷くなったので，空港の設置・管理者である国を相手取り，航空機の騒音，排ガス，振動等によって，身体・精神の被害や日常生活全般にわたる破壊を被ったとして，3次にわたって，①人格権および環境権に基づく午後9時から午前7時までの飛行の差止め，②民法709条，国家賠償法2条1項による非財産的損害の賠償，③夜間飛行の禁止や騒音低減までの「将来」の損害の賠償の請求を行った事案である。

この事案に対する最高裁の判断には重要な問題が多く含まれるが，最高裁の多数意見は，③に関して次のとおり述べ，この部分の原告らの訴えを却下した。

「民訴法226条〔筆者注：現135条〕はあらかじめ請求する必要があることを条件として将来の給付の訴えを許容しているが，同条は，およそ将来に生ずる可能性のある給付請求権のすべてについて前記の要件のもとに将来の給付の訴えを認めたものでなく，主として，いわゆる期限付請求権や条

件付請求権のように，既に権利発生の基礎をなす事実上及び法律上の関係が存在し，ただ，これに基づく具体的な給付義務の成立が将来における一定の時期の到来や債権者において立証を必要としないか又は容易に立証しうる別の一定の事実の発生にかかつているにすぎず，将来具体的な給付義務が成立したときに改めて訴訟により右請求権成立のすべての要件の存在を立証することを必要としないと考えられるようなものについて，例外として将来の給付の訴えによる請求を可能ならしめたにすぎないものと解される。このような規定の趣旨に照らすと，継続的不法行為に基づき将来発生すべき損害賠償請求権についても，例えば不動産の不法占有者に対して明渡義務の履行完了までの賃料相当額の損害金の支払を訴求する場合のように，右請求権の基礎となるべき事実関係及び法律関係が既に存在し，その継続が予測されるとともに，右請求権の成否及びその内容につき債務者に有利な影響を生ずるような将来における事情の変動としては，債務者による占有の廃止，新たな占有権原の取得等のあらかじめ明確に予測しうる事由に限られ，しかもこれについては請求異議の訴えによりその発生を証明してのみ執行を阻止しうるという負担を債務者に課しても格別不当とはいえない点において前記の期限付債権等と同視しうるような場合には，これにつき将来の給付の訴えを許しても格別支障があるとはいえない。しかし，たとえ同一態様の行為が将来も継続されることが予測される場合であつても，それが現在と同様に不法行為を構成するか否か及び賠償すべき損害の範囲いかん等が流動性をもつ今後の複雑な事実関係の展開とそれらに対する法的評価に左右されるなど，損害賠償請求権の成否及びその額をあらかじめ一義的に明確に認定することができず，具体的に請求権が成立したとされる時点においてはじめてこれを認定することができるとともに，その場合における権利の成立要件の具備については当然に債権者においてこれを立証すべく，事情の変動を専ら債務者の立証すべき新たな権利成立阻却事由の発生としてとらえてその負担を債務者に課するのは不当であると考えられるようなものについては，前記の不動産の継続的不法占有の場合とはとうてい同一に論ずることはできず，かかる将来の損害賠償請求権については，冒頭に説示したとおり，本来例外的にのみ認められる将来の

給付の訴えにおける請求権としての適格を有するものとすることはできないと解するのが相当である。」

これに対しては，団藤裁判官の反対意見が付されている。
また，学説上も，この種の将来の損害賠償請求権にも，将来の給付の訴えの請求適格を認める見解が多い[26]。

(2) 最判平19・5・29判時1978号7頁（新横田基地事件）

新横田基地事件においても，大阪国際空港事件の最高裁判例の法理が維持されている。

事案は，国が日米安保条約に基づき米軍の使用する施設および区域としてアメリカ合衆国に提供している横田飛行場の近隣に居住する住民らが，米軍の航空機が発する騒音等により精神的・身体的被害等を被ったとして，国に対し，夜間の航空機の飛行差止め，過去および将来の損害賠償等を請求した事案である。

このうち将来の損害賠償請求については，第1審（東京地八王子支判平14・5・30判時1790号47頁）が訴えの全部を却下した。これに対し，控訴審（東京高判平17・11・30判時1938号61頁）は，口頭弁論終結時の翌日から判決言渡日までの請求について認容し，判決言渡日の翌日以降の分については訴えを却下した。

最高裁は，以下のとおり判示して，原判決を破棄した。

「継続的不法行為に基づき将来発生すべき損害賠償請求権については，たとえ同一態様の行為が将来も継続されることが予測される場合であっても，損害賠償請求権の成否及びその額をあらかじめ一義的に明確に認定することができず，具体的に請求権が成立したとされる時点において初めてこれを認定することができ，かつ，その場合における権利の成立要件の具備については債権者においてこれを立証すべく，事情の変動を専ら債務者の立証すべき新たな権利成立阻却事由の発生としてとらえてその負担を債

---

[26] 加藤一郎「大阪空港大法廷判決の問題点」ジュリ761号6頁，伊藤眞「将来請求」判時1025号23頁，兼子一原著『条解民事訴訟法（第2版）』（弘文堂，2011年）790頁等〔竹下守夫〕。

> 務者に課するのは不当であると考えられるようなものは，将来の給付の訴えを提起することのできる請求権としての適格を有しないものと解するのが相当である。そして，飛行場等において離着陸する航空機の発する騒音等により周辺住民らが精神的又は身体的被害等を被っていることを理由とする損害賠償請求権のうち事実審の口頭弁論終結の日の翌日以降の分については，将来それが具体的に成立したとされる時点の事実関係に基づきその成立の有無及び内容を判断すべく，かつ，その成立要件の具備については請求者においてその立証の責任を負うべき性質のものであって，このような請求権が将来の給付の訴えを提起することのできる請求権としての適格を有しないものであることは，当裁判所の判例とするところである」。

この判決には，後述のとおり，藤田裁判官の補足意見があったほか，那須裁判官および田原裁判官の各反対意見があった。

(3) 検　　討
① 最高裁判例について

これまで見たように，最高裁は，昭和56年の大阪国際空港事件以降，上記(2)の新横田基地事件やそれ以外の事件（最判平5・2・25民集47巻2号643頁（厚木基地騒音公害訴訟）等）も含めて，この種の将来の損害賠償請求が認められるかについて厳しい判断を行っている。さらに，最近でも，最高裁は，厚木基地の騒音訴訟において，「将来」の損害賠償請求について一部認容した原審の東京高裁判決を破棄し，「将来」の損害賠償請求は認められない旨判示するなど（最判平28・12・8裁判所HP〔平成27年（受）2309号〕），従前からの最高裁の立場を堅持している。

新横田基地事件の最高裁判決は，大阪国際空港事件判決の法理を再確認したものであったが，3対2のきわどい多数決をもって原判決の当該判断部分を破棄したものであった。この判決では，那須裁判官による，将来の損害賠償請求を認めた原判決を維持すべきという反対意見，および，田原裁判官による，継続的不法行為に基づく将来の損害賠償請求権の行使要件に関する大阪国際空港判決を変更すべきであるという反対意見が付されていた。また，この事件では，

藤田裁判官は，大阪国際空港事件判決の法理が近い将来しかるべき事件において再検討されること自体を拒否するものではないが，本件がそのような事件かは疑わしいとする補足意見を付している。一方で，上述した最判平28・12・8裁判所HP〔平成27年（受）2309号〕は裁判官全員一致の意見で，「将来」の損害賠償請求について一部認容した原審の東京高裁判決を破棄している。同判決において，小池裕裁判官は，補足意見で「当裁判所の判例は，……飛行場等において離着陸する航空機の発する騒音等により周辺住民が精神的又は身体的被害等を被っていることを理由とする損害賠償請求権のうち事実審の口頭弁論終結の日の翌日以降の分については，将来それが具体的に成立したとされる時点の事実関係に基づきその成立の有無及び内容を判断すべきであり，かつ，その成立要件の具備については請求者においてその立証の責任を負うべき性質のものであって，このような請求権が将来の給付の訴えを提起することができる請求権としての適格を有しないものであるとしているものである。」との考え方を示している。

前述のように，学説上は，大阪国際空港事件判決が確立した法理に反対する立場が多い。

この問題については，公平上，将来生じる事情の変更の立証・起訴責任を原告と被告のどちらかに負担させるべきかの判断に関わっている。

② **下級審裁判例について**

下級審裁判例では，規制基準を超過した騒音や振動を発生させ，住民との話し合いにも応じず，再三にわたる行政指導にも従わない工場に対して，「近い将来において，被告が工場を移転し，あるいは防音防振対策をとる等のことは予見されず，したがって原告らの被害の発生の継続が高度の蓋然性をもって予想され，一方原告らの被害は重大」等の事情を踏まえ，口頭弁論終結の日の翌日から操業停止等により事態が改善されるまでの間，月額4万円の損害賠償請求を認容した裁判例がある（大阪地判昭62・3・26判夕656号203頁）。

この裁判例は，上記のような空港や基地等のような公共的な施設と異なり，私企業による継続的な不法行為に基づく将来の損害賠償請求が肯定された事案として，実務上参考になる。

この裁判例によれば，将来にわたる被害発生の継続が高度の蓋然性をもって

予測されること，被害者側の被害は重大であることなどの状況があれば，特に公共的な施設と異なり，私企業による継続的な加害行為などの一定の場合には，例外的に将来にわたる損害賠償請求が認められる余地があるといえる。

5 特別法の規定

　以下の各法は，不法行為に関する一般的な規律を修正する特別のルールを規定している。

(1) 鉱業法

　鉱業法は，鉱物資源を合理的に開発することによって公共の福祉の増進に寄与するため，鉱業に関する基本的制度を定めることを目的とする法律である（同法1条）。

　鉱害の賠償に関しては，同法109条は，鉱物の掘採のための土地の掘さく，坑水もしくは廃水の放流，捨石もしくは鉱さいのたい積または鉱煙の排出によって他人に損害を与えたときは，損害の発生の時における当該鉱区の鉱業権者が，損害の発生の時すでに鉱業権が消滅しているときは，鉱業権の消滅の時における当該鉱区の鉱業権者が，その損害を賠償する責任を負う旨を規定し，無過失責任を認める。

　したがって，被害者にとっては，民法709条等による請求よりも，この規定に基づく請求を行ったほうが過失を立証する必要がない分，有利である。

　鉱業法109条による責任が問題となった主な事例として，イタイイタイ病に関する名古屋高金沢支判昭49・8・9判時674号25頁（イタイイタイ病事件控訴審判決），無操業の譲受鉱業権者の公害賠償責任が問題となった福岡高宮崎支判昭63・9・30判時1292号29頁（土呂久事件第1次訴訟控訴審判決。なお，本件は上告されたが，最高裁で和解が成立している）等がある。

　イタイイタイ病事件の裁判では，同法109条により原告側で立証すべき事項が1つ少なくなるため，裁判の長期化が回避できたといわれている[27]。

27　北村喜宣『環境法（有斐閣ストゥディア）』（有斐閣，2015年）246頁。

鉱害賠償については，賠償金額に対して著しく多額の費用を要しないで原状の回復をすることができる場合には，例外的に，被害者が原状回復による賠償を請求することができると定められている（同法111条2項）。

(2) 大気汚染防止法

大気汚染防止法は，大気汚染に関し，国民の健康を保護するとともに生活環境を保全し，また，大気汚染に関して人の健康に係る被害が生じた場合における事業者の損害賠償の責任について定めることにより，被害者の保護を図ることを目的とした法律である（同法1条）。

同法25条1項は，工場または事業場における事業活動に伴う健康被害物質の大気中への排出（飛散を含む）により，人の生命または身体を害したときは，当該排出に係る事業者は，これによって生じた損害を賠償する責任を負う旨を規定し，無過失責任を認めている。

同法25条1項による損害賠償責任を肯定した裁判例としては，都市型大気汚染の事案として，大阪地判平3・3・29判時1383号22頁（西淀川事件第1次訴訟），名古屋地判平12・11・17判時1746号3頁（名古屋南部大気汚染公害訴訟），横浜地川崎支判平6・1・25判タ845号105頁（川崎大気汚染公害事件第1次訴訟），石綿粉じんへの曝露を理由とする大阪高判平26・3・6判時2257号31頁（クボタ事件控訴審判決。なお，上告受理申立てがされたが，上告審はこれを受理しなかった）等がある。

上記のとおり，同法25条1項の規定による賠償責任は無過失責任であるため，被害者としては過失の立証を行わなくてもよい分，民法709条より有利であり，実務的にも積極的に利用されている。

ただし，大気汚染防止法25条1項の無過失損害賠償責任は，工場・事業場における事業活動に起因する健康被害が対象であり，工作物である道路はこれに該当しない（国家賠償法2条または民法717条に基づくことになる）。

大気汚染防止法25条1項の規定する損害が，2以上の事業者の健康被害物質の大気中への排出により生じ，当該損害賠償の責任について民法719条1項の規定の適用がある場合において，当該損害の発生に関し，その原因となった程度が著しく小さいと認められる事業者があるときは，裁判所は，その者の損害

賠償の額を定めるについて，その事情をしんしゃくすることができる（大気汚染防止法25条の2）。もっとも，このような規定については，事業者の寄与度の小さいことを「しんしゃくすることができる」と規定するのみであるため，判例上，十分に活用されているとは言い難い[28]。

　大阪地判平3・3・29判時1383号22頁（西淀川事件第1次訴訟）では，汚染寄与度の低い一部の企業に同法25条の2の規定に基づく減責が認められるかが問題となったが，裁判所は，当該企業には他の一部の企業と強い関連共同性が認められることを理由に，減責を認めるのは相当でないとした。

　また，天災その他の不可抗力が競合したときは，裁判所は，損害賠償の責任およびその額を定めるについて，これをしんしゃくすることができる（同法25条の3）。

　ある物質が新たに健康被害物質となった場合には，その物質が健康被害物質となった日以後の当該物質による損害について同法25条1項の責任を負う（同法25条2項）。

　同法25条1項に規定する損害賠償の責任について，鉱業法の適用があるときには，鉱業法の定めによることになる（同法25条の5）。

　ただし，大気汚染防止法上の損害賠償請求に関する特別の規定は，事業者が行う事業に従事する者の業務上の負傷，疾病および死亡に関しては適用されない（同法25条の6）。

(3)　水質汚濁防止法

　水質汚濁防止法は，公共用水域および地下水の水質の汚濁の防止を図り，もって国民の健康を保護するとともに生活環境を保全し，また，工場等から排出される汚水および廃液に関して人の健康に係る被害が生じた場合における事業者の損害賠償の責任について定めることにより，被害者の保護を図ることを目的とした法律である（同法1条）。

　同法19条1項は，大気汚染防止法25条と同様の考え方を採用し，工場または事業場における事業活動に伴う有害物質の汚水または廃液に含まれた状態での

28　大塚678頁。

排出または地下への浸透により，人の生命または身体を害したときは，当該排出または地下への浸透に係る事業者は，これによって生じた損害を賠償する責任を負う旨を規定し，無過失責任を認める。

また，大気汚染防止法25条の2と同様，上記の損害が，2以上の事業者の有害物質の汚水または廃液に含まれた状態での排出または地下への浸透により生じ，当該損害賠償の責任について民法719条1項の規定の適用がある場合において，当該損害の発生に関し，その原因となった程度が著しく小さいと認められる事業者があるときは，裁判所は，その者の損害賠償の額を定めるについて，その事情をしんしゃくすることができる（水質汚濁防止法20条）。

天災その他不可抗力が競合したときには裁判所はこれをしんしゃくすることができること（同法20条の2），ある物質が新たに有害物質となった場合にはその物質が有害物質となった日以降の当該物質による損害について同法19条1項の責任を負うこと（同法19条2項），鉱業法の適用があるときにはその定めによること（同法20条の4），同法上の損害賠償請求に関する特別の規定は，事業者が行う事業に従事する者の業務上の疾病等には適用されないこと（同法20条の5）なども，大気汚染防止法と同様である。

(4) 原子力損害の賠償に関する法律

原子力損害の賠償に関する法律は，原子炉の運転等により原子力損害が生じた場合における損害賠償に関する基本的制度を定め，もって被害者の保護を図り，および原子力事業の健全な発達に資することを目的とした法律である（同法1条）。

同法3条1項は，「原子炉の運転等の際，当該原子炉の運転等により原子力損害を与えたときは，当該原子炉の運転等に係る原子力事業者がその損害を賠償する責めに任ずる。ただし，その損害が異常に巨大な天災地変又は社会的動乱によつて生じたものであるときは，この限りでない。」と規定する。

また，同法4条1項は，「前条の場合においては，同条の規定により損害を賠償する責めに任ずべき原子力事業者以外の者は，その損害を賠償する責めに任じない。」と規定する。

これらの規定は，無過失責任・責任の集中を規定しているという意味で，民

法709条の特別規定である。

また，原子力事業者の責任限度額に関する規定は置かれていない（無限責任）。

原子炉の運転等により生じた原子力損害については，製造物責任法は適用されない（原子力損害の賠償に関する法律4条2項）。

政府は，2011年3月11日の東日本大震災発生に伴う東京電力株式会社の福島原子力発電所の事故に関しては，同法3条1項ただし書は適用されないという方針を採用している。東京電力も，これを前提とした対応を行っている。

(5) 船舶油濁損害賠償保障法

船舶油濁損害賠償保障法は，船舶に積載されていた油によって船舶油濁損害が生じた場合における船舶所有者等の責任を明確にし，および船舶油濁損害の賠償等を保障する制度を確立して，被害者の保護を図ることなどを目的とする（同法1条）。

同法3条は，「タンカー油濁損害が生じたときは，当該タンカー油濁損害に係る油が積載されていたタンカーのタンカー所有者は，その損害を賠償する責めに任ずる。ただし，当該タンカー油濁損害が次の各号のいずれかに該当するときは，この限りでない。」とし，同条各号所定の場合を除き，タンカー所有者のタンカー油濁損害に関する無過失責任を規定している。

同法に関する裁判例は，ごくわずかであるが，長崎地判平12・12・6判タ1101号228頁（大韓民国籍タンカーのオーソン号に関する事件）がある。

6 過失相殺・類推適用

不法行為の被害者に過失がある場合，裁判所は，被害者の過失を考慮して，損害額を減額（過失相殺）できる（民法722条2項）。たとえば，大気汚染訴訟において，被害者に喫煙習慣があり，そのために呼吸器系疾患が増悪した場合などには，過失相殺が認められる。

また，被害者に対する加害行為と，加害行為前から存在した被害者の疾患とがともに原因となって損害が発生した場合には，当該疾患の態様・程度等に照らして，加害者に全損害を賠償させることが公平を欠くときには，裁判所は，

損害賠償の額を定めるにあたり，過失相殺の規定を類推適用して，被害者の疾患をしんしゃくすることができる（最判平4・6・25民集46巻4号400頁）。このように，被害者の既往症や体質を理由とする損害額の減額を被害者の素因による減額という。

なお，判例は，被害者の有する平均的体格・通常体質と異なる身体的特徴が，加害行為とともに原因となって身体的被害を発生させ，損害拡大に寄与したとしても，当該身体的特徴が疾患に当たらないときは，特段の事情がない限り，過失相殺の類推適用はできないとしている（最判平8・10・29民集50巻9号2474頁）。

7 賠償額の減額調整

公害等の環境被害の被害者が加害行為によって損害を受けるとともに，利益を得たときには，当該利益の額は損害額から差し引かれる。これを損益相殺という。単に同一の事象によって損害が生じたのでは足りず，同性質の損害に関する給付であって，給付と損害賠償とが相互補完性を有する関係にある場合に，損益相殺が許される。判例（最判昭62・7・10民集41巻5号1202頁）によれば，労災保険からの休業補償給付・傷病補償年金を受けたときは，被害者の受けた損害のうち，消極損害（逸失利益）についてのみ控除され，積極損害（入院経費，付添看護婦料），慰謝料については控除されない。

公害被害との関係では被害者救済のための制度として公害健康被害補償制度が存在するが，この制度は，公害による健康被害者の迅速・公正な保護を図るために設けられた民事責任を踏まえた制度であり，損害賠償との調整が必要となってくる。近時の下級審の裁判例は，公害健康被害の補償等に関する法律の給付分を原告の損害賠償額から控除するものが多い（福岡高宮崎支判昭63・9・30判時1292号29頁（土呂久事件第1次訴訟）等）。

8 期間制限

不法行為に基づく損害賠償請求権は，被害者が損害および加害者を知った時

から3年間行使しないときは時効消滅し（民法724条前段），不法行為の時から20年を経過したときも除斥期間に係る（同条後段）。消滅時効は当事者の援用を要するが，除斥期間の場合は期間の経過により権利は当然に消滅し，時効におけるような中断も認められないという違いがある。

除斥期間との関係で問題となるのは，損害が潜伏して累積し，相当の期間を経過した後に顕在化する場合である。たとえば，現場の作業者が石綿（アスベスト）に曝露し，20～30年後に石綿関連疾患が発症するような場合である。このようなケースにおいて加害行為時を起算点とすることは合理性を欠く。損害の発生を待たずに除斥期間が経過することを肯定するのは，被害者に酷である。そのため，20年の除斥期間の起算点をどのように解するべきかが問題になる。

最高裁は，「身体に蓄積した場合に人の健康を害することとなる物質による損害や，一定の潜伏期間が経過した後に症状が現れる損害のように，当該不法行為により発生する損害の性質上，加害行為が終了してから相当の期間が経過した後に損害が発生する場合には，当該損害の全部又は一部が発生した時が除斥期間の起算点となる」と判断した（最判平16・4・27民集58巻4号1032頁（筑豊じん肺訴訟）。最判平16・10・15民集58巻7号1802頁（水俣病関西訴訟），最判平18・6・16判タ1220号79頁（予防接種B型肝炎発症事件）も同旨）。このような最高裁判例による判断は，被害者救済の見地等から，妥当な判断であると評価されている[29]。

なお，鉱業法115条2項は「進行中の損害については，その進行がやんだ時から起算する」と規定し，また，製造物責任法5条2項は，同法に定める除斥期間について「身体に蓄積した場合に人の健康を害することとなる物質による損害又は一定の潜伏期間が経過した後に症状が現れる損害については，その損害が生じた時から起算する」と規定しているなど，参考になる。

---

29 大塚BASIC 414頁。

第3章

差止訴訟

　本章では，企業が住民から環境被害を生じさせる行為であるとして，企業の行為の差止めを求める民事訴訟や仮処分等（差止訴訟）が提起される場合について説明する。

　まず，差止訴訟における基本事項を説明したうえで（第1節～第3節），日照妨害を理由とする建築差止事案を例に，差止請求に関して問題となる点を具体的に解説する（第4節）。そして，差止訴訟の対象となる環境分野ごとに，裁判例を取り上げながら問題となる点を解説する（第5節～第10節）。差止訴訟においては，環境分野ごとの法令の規制違反の有無・程度が問題になることが多いことから，各環境分野における規制の概要についても解説することとする。また，民事上の差止請求と同等の影響を有する行政処分の取消しの問題についても併せて簡潔に言及することとする。

第3章 差止訴訟

第1節

概　　説

　第2章で述べたように，私人が環境被害を受けた場合の救済方法の1つとしては損害賠償請求訴訟が存在する。すでに解説したとおり，損害賠償請求訴訟は，原則として，過去にすでに生じた損害を金銭により補填する制度である（民法722条1項・417条）。確かに，一度失われた生命・健康等の被害の救済には，損害賠償請求訴訟によるほかない。

　しかしながら，環境被害に対する私人の救済として損害賠償請求訴訟を置くのみでは不十分であることは否めない。たとえば，環境被害を受けたら人の生命に危険が及び，あるいは，人の健康に重大な被害が生じる可能性が高いような場合には，事後的に金銭の支払による救済が図られるだけでは明らかに救済として不十分であり，適切でないといえる。このような場合には，そのような加害行為を事前に差し止める必要があり，事後的救済はあくまでも次善の策であり，事前的対応がベストである。差止めが認められれば，紛争を直接的かつ抜本的に解決し得るということになる。

　環境問題においては，こうした差止めが認められる必要性が高いとされるケースが多く，紛争類型として他の訴訟分野にも増して差止請求の重要性は高いといえる。近時では，全国の原子力発電所の運転の差止めの可否が社会的にも大きな問題になっている[1]。

　健康被害や環境汚染を生じさせる行為を差し止める裁判所の判決が確定した場合，以後，当該行為が禁止される。このため，私人にとっては被害の事前予防になる一方で，企業にとっては企業活動の停止につながる。企業が自ら操業

1　たとえば，大飯原発3号機・4号機の運転差止めを認めるものとして福井地判平26・5・21判時2228頁72頁。

する施設によって第三者に健康被害を生じさせてはならないことはいうまでもないが，企業の活動ひいては経営への影響ははかりしれない。企業としては，万が一差止請求がなされた場合には，本章で紹介するポイントを理解したうえで，適切に対応することが重要となる。

第2節

差止訴訟の概要

1 差止請求の法的根拠

　差止請求権については，その根拠となる法律上明文の規定がないが，判例上，生命・身体等に関わる人格権が法的根拠とされている。

　たとえば，東京地判平14・10・29判時1885号23頁（東京大気汚染公害差止等請求事件）は，「人の生命，身体，健康，自由，名誉等の人格的利益の総称である人格権は，これに対する違法な侵害行為から保護されるべき排他的な権利であって，その権利が違法に侵害された場合には，不法行為に基づく損害賠償を求め得ること（民法710条）はもとより，その権利に対する客観的に違法な侵害行為が，将来においても継続され，又は反復されることが高度の蓋然性をもって予測し得る場合には，被侵害者は，これを防止するため，侵害者に対し，人格権に基づき，侵害行為の差止めを求めることができるものと解すべきである。」と判示している。

　また，最近の裁判例では，人格権をより具体化したものともいうべき，平穏生活権に基づく民事上の差止請求がなされる事案が出てきている[2]。たとえば，熊本地決平7・10・31判タ903号241頁等は，平穏生活権を「人格権としての身体権の一環として，質量共に生存・健康を損なうことのない水を確保する権利」として，当該事案に即した定義を与え，平穏生活権に基づく差止請求を認容し

---

[2] 須加憲子「丸森町廃棄物処分場事件―産廃処分場の操業差止めの認否」百選128頁によれば，平穏生活権の概念は，すでに，横田基地騒音公害訴訟控訴審判決（東京高判昭62・7・15判時1245号3頁）等でも認められており，人格権の一種として裁判例上確立しているといえると述べられている。

ている。平穏生活権という概念を認めることのメリットとしては，実際の健康被害に至る前に「不安感」の状態で差止めなどを求める根拠とすることができる点にある[3]。もっとも，こうした「不安感」は，単なる主観的なものではたりず，客観的なものである必要がある。

ほかに，「環境を破壊から守るために，環境を支配し，良い環境を享受し得る権利」である環境権を法的根拠とする見解もある。しかし，これは私人の個別的利益とは解し難い環境利益を私権として捉えるものであり，裁判例は環境権を差止請求の法的根拠として認めていない[4]。

差止請求の根拠となり得るかどうか注目されるのは景観利益であるが，これについては最判平18・3・30民集60巻3号948頁（国立マンション事件）の解説（後記第5節②）の中で詳しく解説する。

2 差止請求の内容（請求の趣旨）

(1) 具体的に特定された差止請求

差止請求の内容（訴状における請求の趣旨）としては，まず，以下のように，差止めの対象となる行為が具体的に特定されたものが挙げられる。

- 被告は，別紙物件目録記載の土地上に，別紙図面記載の設計図面に基づく建物を建築してはならない。
- 被告は，別紙設置場所目録記載の土地について，産業廃棄物最終処分場を建設，使用及び操業してはならない。

(2) 抽象的差止請求

このほかに，たとえば，「自己（原告）の居住地に一定水準（たとえば50db（デジベル））以上の騒音を侵入させてはならない」というように，差止めの対象となる被告（事業者）の行為を具体的に特定しない抽象的差止請求があり得る。このような抽象的差止請求を認める判決が確定した場合，被告は防音壁を立て

3　北村喜宣『環境法（第4版）』（弘文堂，2017年）212頁。
4　大塚682頁。

る等の防音措置をとる，事業活動を制限するなど，原告の居住地に50db以上の騒音を侵入させないようにする具体的な方法を自ら選択して実施することになる。このような抽象的差止請求が認められる場合には，原告としては，一定の結果の実現を求めることで足りる。

このような抽象的差止請求が訴訟法上適法か否かについては議論があるが，最判平5・2・25判時1456号53頁（横田基地事件）は，「被告は原告らのためにアメリカ合衆国軍隊をして，毎日午後9時から翌日午前7時までの間，本件飛行場を一切の航空機の離着陸に使用させてはならず，かつ，原告らの居住地において55ホン以上の騒音となるエンジンテスト音，航空機誘導音等を発する行為をさせてはならない。」という請求について，「請求の特定に欠けるものということはできない。」として適法とした。

このほかにも，東海道新幹線訴訟に関する名古屋高裁判決（名古屋高判昭60・4・12判時1150号30頁），国道43号線事件に関する大阪高裁判決（大阪高判平4・2・20判時1415号3頁）等がこれを適法と認めているなど，多くの下級審裁判例が抽象的差止請求権を肯定している。

たとえば，実際に，大気汚染の事案で抽象的差止請求を認めた神戸地判平12・1・31判時1726号20頁（尼崎公害訴訟）による判決の主文は，次のとおりである。

> 「被告らは，被告国において，国道43号線を自動車の走行の用に供することにより，被告公団において，兵庫県道高速大阪西宮線を自動車の走行の用に供することにより，別表A記載の原告らのうち「⑥沿道居住の有無」欄に□印のある原告らに対し，同原告らそれぞれの居住地において，左記方法によって浮遊粒子状物質につき1時間値の1日平均値$0.15mg/m^3$を超える数値が測定される大気汚染を形成してはならない。
>
> 記
>
> 濾過捕集による重量濃度測定方法又はこの方法によって測定された重量濃度と直線的な関係を有する量が得られる光散乱法，圧電天びん法若しくはベータ線吸収法を用いて，地上3メートル以上10メートル以下の高さで試料を採取して測定する方法」

なお，抽象的差止請求を認める判決が確定した場合の強制執行の方法は，間接強制（民事執行法172条）によることが考えられる。間接強制とは，債務の履行をしない債務者に対し，債務の履行を確保するために相当と認められる一定の金銭を債権者に支払うべきことを命じ，債務者に心理的な強制を加えて，債務者自身の手により請求権の内容を実現させる方法をいう。

作為または不作為を目的とする債務で，代替執行ができないものについての強制執行は，間接強制によるしかない（同法172条1項）。支払うべき金額については，不履行によって生ずる損害額だけでなく，債務の性質等をも考慮して，執行裁判所が債務の履行を確保するために相当と認める額を決定により定める。

3 差止めの要件

民事上の差止請求が認められるには，(i)権利侵害（法益侵害），(ii)違法性（ないし違法性阻却事由などの正当化事由），(iii)実質的被害の発生に対する（高度の）蓋然性（因果関係）が必要となる[5]（ただし，(ii)違法性を請求原因と捉えるか，違法性阻却事由などの正当化事由として抗弁と捉えるかは争いがある）。

このうち，(ii)については後記 4 および 5 において論じ，(iii)については後記 6 について論じることとし，本項では(i)について若干の説明を行う。

(i)の権利侵害（法益侵害）要件については，人格権侵害が問題となる場合には，この要件を満たすことは明らかである。

問題は，「権利」ということまでは難しい「法律上保護される利益」の場合にまで，その侵害を根拠に損害賠償請求ではなく，差止請求まで認められるかである。たとえば，後に詳しく解説する最判平18・3・30民集60巻3号948頁（国立マンション事件・後記第5節 2 ）では，「権利」とまではいえない「法律上保護される利益」の場合にまで，差止請求が認められるものであるのかは明らかにされていない。

---

5 大塚BASIC 415頁。

4　差止めの判断基準

(1)　受忍限度論

　多くの裁判例においては，差止請求の対象となる加害行為の違法性を判断するにあたって，損害賠償請求の場合と同様，加害者・被害者の種々の事情を考慮して加害行為の違法性の有無を判断する「受忍限度論」が採用されている（第2章第4節1(3)参照）[6]。

　後に述べるように，受忍限度論における違法性の有無の判断にあたり，行政法規への違反（法令違反）の有無が問題とされることが多い。しかし，これは考慮要素となるものの，法令違反の存在によって私人の受ける被害が常に受忍限度を超えるとはされていない。最判平6・3・24判時1501号96頁は，「工場等の操業が法令等に違反するものであるかどうかは，右の受忍すべき程度を超えるかどうかを判断するに際し，右諸般の事情の一つとして考慮されるべきであるとしても，それらに違反していることのみをもって，第三者との関係において，その権利ないし利益を違法に侵害していると断定することはできない。」と判示したうえで，住居に流入する工場騒音の程度等について考慮することなく，工場の操業態様が著しく悪質で違法性が高いこと[7]を主たる理由に操業の差止請求を認容した原審（東京高判平元・8・30判時1325号61頁）の判断を誤りとした。

(2)　損害賠償請求との違法性判断の違い

　第2章でも述べたが，環境被害がある場合に，損害賠償請求と差止請求が認められる場合の違法性判断の違いについて述べたものとして，次の判例がある。

　最判平7・7・7民集49巻7号2599頁（国道43号線事件）は，損害賠償請求と差止請求とで違法性判断において考慮すべき要素には相違があり，要素とし

---

[6]　大塚682頁。
[7]　具体的には，虚偽の建築申請をして建築確認を得，区長からの工事施工停止命令を無視して工事を完成させ，知事の是正措置命令を無視して工場を操業し続けたこと，違法操業を継続している期間が約8年にも及ぶことなどが認定されている。

て共通するものについても違法性判断における位置付け（重要性）に相違があるから，違法性の有無の判断に相違が生じることはあり得るという考え方を示した（「ファクターの重みづけ」相違説）[8]。

　すなわち，「道路等の施設の周辺住民からその供用の差止めが求められた場合に差止請求を認容すべき違法性があるかどうかを判断するにつき考慮すべき要素は，周辺住民から損害の賠償が求められた場合に賠償請求を認容すべき違法性があるかどうかを判断するにつき考慮すべき要素とほぼ共通するのであるが，施設の供用の差止めと金銭による賠償という請求内容の相違に対応して，違法性の判断において各要素の重要性をどの程度のものとして考慮するかにはおのずから相違があるから，右両場合の違法性の有無の判断に差異が生じることがあっても不合理とはいえない。」と判示している。そして，幹線道路の周辺住民の損害賠償請求（慰謝料請求）を認容し，幹線道路を走行する自動車によって生じる一定量以上の騒音や排ガスの差止請求を棄却した原審判決（大阪高判平4・2・20判時1415号3頁）が，周辺住民が現に受け，将来も受ける蓋然性の高い被害の内容は，睡眠妨害，家族の団らん，テレビ・ラジオの聴取等に対する妨害およびこれらの悪循環による精神的苦痛等の日常生活における妨害にとどまるのに対し，幹線道路が沿道の住民や企業に対してのみならず，地域間交通や産業経済活動に対してかけがえのない多大な便益を与えていることなどを考慮して，差止めを認容すべき違法性があるとはいえないと判断したことは正当であるとした。

　また，差止めは事業活動を制約して企業に大きな打撃を与えることになり，社会的に有用な活動を停止させるおそれがあることから，差止請求は損害賠償請求に比べて高度の違法性がなければ認められないとする裁判例も少なくない（違法性段階説）[9]。

5　因果関係についての立証責任

　差止請求についても，不法行為に基づく損害賠償請求と同様，因果関係の立

---

[8]　大塚682頁，大塚BASIC 417頁。
[9]　大塚682頁。

証責任は原告（差止めを求める側）が負うのが原則である。

この点については，差止請求に関する因果関係の立証に関しても，事後救済のための損害賠償請求と被害未発生の時点の差止請求とでは，厳密には異なるが，前者の理論的成果（第2章第4節①(4)②における因果関係の立証の困難緩和の諸法理を参照）を，可能な限り後者において活かすように試みるべきであるという指摘もされている[10]。

6　民事差止請求に対する法的制約
―大阪国際空港事件による「不可分一体論」

第2章でも解説した最判昭56・12・16民集35巻10号1369頁（大阪国際空港事件）は，一定の時間帯における空港の供用の差止めを求める住民の民事訴訟を不適法であるとした。

その理由としては，最高裁は，「空港の離着陸のためにする供用は，運輸大臣の有する空港管理権と航空行政権という2種の権限の，総合的判断に基づいた不可分一体的な行使の結果である」から，住民の差止請求は「不可避的に航空行政権の行使の取消変更ないしその発動を求める請求を包含することとなるもの」であるところ，行政訴訟の方法により何らかの請求をすることができるかどうかはともかくとして，民事上の請求として差止訴訟をすることは許されないとした（不可分一体論）。

しかしながら，こうした法廷意見による「不可分一体論」については，4名の裁判官が反対意見を述べていることに加え，学説上でも強い批判がされている[11]。

なお，すでに述べた最判平7・7・7民集49巻7号2599頁（国道43号線事件）は，大阪国際空港訴訟事件の最高裁判決による上述のような考え方を採用しなかった。その理由は，国道43号事件控訴審判決によれば，次のような点にあったとされる。空港の差止請求は，空港の供用や航空機の離発着の差止めの請求であり，公権力の発動によることを要する方法しか考えにくかったのに対し，

10　越智101頁。
11　古城誠「大阪国際空港事件―空港公害と差止請求」百選84頁等。

道路の差止請求では、騒音等を一定の基準以下に引き下げることが求められるが、そのための方法は特定されておらず、道路管理者に交通規則のような公権力の発動によることを要請する方法のみでなく、道路管理者による騒音等を遮断する物的設備の設置等の事実行為も想定できるため、原告らは、公権力の発動を求めるものではないと解されたからである。

このように、判例上も、大阪国際空港訴訟事件の射程は限定されていることに留意が必要である。

7　文書提出命令等

差止訴訟では、原告となる住民においては、企業側の情報を十分に有しないことも多いから、たとえば、被告企業の操業等に関する情報の開示を求めて、文書提出命令の申立てがされることがある（民事訴訟法221条）。文書提出命令が発令された場合、裁判所の決定による命令に従わなかった場合には、裁判所は、当該文書の記載に関する申立人の主張を真実と認めることができる（真実擬制。同法224条1項）。

廃棄物処理法上、処理施設設置者は、利害関係者の請求に応じて、維持管理に関する情報を閲覧させる義務がある（同法8条の4・15条の2の4）。こうした規定も、訴訟上の立証手段の収集方法として活用される可能性があり、注意が必要である。

8　複数汚染源の差止め

差止めの対象となる侵害行為が1つでなく、複数ある場合、どの加害者に対し、どのような形で加害行為の差止め（汚染物質の排出差止めなど）を求めることができるのかについては争いがある。

裁判例上は、傍論として、汚染源の主体相互間に主－従の関係や密接な関係があるなどの場合につき連帯差止請求が許容されるとし、それ以外の場合については、個別の主体が主要な汚染源といえない限り、差止請求は不適法であると述べた大阪地判平7・7・5判時1538号17頁（西淀川事件第2次～第4次訴訟）

がある。

学説上は，

> ① 個別的差止説（加害汚染源による侵害がそれぞれ受忍限度を超えない限り差止請求ができないとする見解）
> ② 分割的差止説（複数汚染源を被告として，汚染を一定水準以下にするよう請求できるが，各汚染源は自己の寄与度を主張立証すれば，その割合に応じた責任を負うにとどまるとする見解）
> ③ 連帯的差止説（どの汚染源に対しても，汚染状態を一定基準以下にするよう請求できるとする見解）

などに分かれている[12]。

各学説の問題点としては，まず，①については，各汚染源単独では受忍限度を下回る排出量にとどまるものの，汚染源全体でみると受忍限度を超える排出をしている場合に差止請求が認められないことになるため，被害者救済の点で十分でない。そのため，この説は，今日では支持されていない。

②については，寄与度の主張立証や反証は，必ずしも容易でなく煩雑な場合があり得る。

③については，原告によりたまたま狙い撃ちされた被告企業は，一時的または永久に他企業の汚染まで自らの責任としてゼロまでの排出削減を迫られる可能性があり，現実的でなく，公平の観点からも妥当な解決をもたらすとは限らない。

このように，それぞれの学説にも問題点があるといえ，現在も，この論点については理論的な解決がみられていない。

---

[12] 大塚692頁，大塚BASIC 429頁，越智220頁。

第3節

差止めの仮処分

　差止訴訟においては，仮の地位を定める仮処分（民事保全法23条2項）が併用されることが多い。

　差止訴訟の提起があったとしても，そのこと自体によって差止請求の対象とされた行為（例：工場の操業）が制約されることはない（別途強制執行の手続が必要となる）。そして，本案訴訟の判決が確定するまでには一定の年数を要することが多いことから，その間に健康被害や環境汚染が現実化すれば，後に本案訴訟において差止めが認められたとしてもその目的を達成することができないことになる。そこで，本案訴訟の提起に先立ち，健康被害や環境汚染が生じるおそれのある行為を仮に差し止める仮処分命令の申立てがなされることが多い。申立費用は，2000円と安いこともあってか，かなりの頻度で利用されている。

1　仮処分命令の発令要件

　仮処分の手続では，申し立てる側を債権者，申し立てられる側を債務者という。
　仮処分命令が発令されるための要件は，①被保全権利および，②保全の必要性である（民事保全法13条・23条2項）。

> ①　被保全権利は，たとえば，人格権に基づく差止請求権である。
> ②　保全の必要性は，「債権者に生ずる著しい損害又は急迫の危険を避けるためこれ（＝仮処分命令）を必要とするとき」（民事保全法23条2項）

に認められる。

　②の要件の認定にあたっては，最高裁は，事後の損害賠償により償えるかどうかを重視している（最判平16・8・30民集58巻6号1763頁）。

　多くの環境紛争においては，被保全権利である差止請求権は受忍限度論によって検討されることになる。そのため，被保全権利の判断過程において，実質的に，保全の必要性の有無についても併せて検討され，被保全権利が認められる場合，通常，保全の必要性も肯定される。ただし，たとえば建物の建築禁止の仮処分の申立てにおいて，建物の建築が完了し，または大部分が完了して内装を残す程度になれば，債権者に対する危険は現実化しており，保全の必要性が失われているため，建築禁止の仮処分の申立ては却下されることとなる[13]。

② 仮処分命令申立ての審理

(1) 被保全権利・保全の必要性の疎明

　民事保全法13条2項は，「保全すべき権利又は権利関係（＝被保全権利）及び保全の必要性は，疎明しなければならない。」と規定している。本案訴訟においては，当事者が立証すべき事項についての証明，すなわち高度の蓋然性（通常人が疑いを差し挟まない程度の真実性の確信）の心証が要求されるのに対し，疎明は，「一応確からしい」という程度の心証で足りるとされている。

　仮処分命令を含む保全命令は，本案訴訟が確定するのを待っていたのでは権利の実現が不可能または困難になる場合に認められる制度であることから，迅速性が求められる。また，本案訴訟において権利が最終的に確定されるまでの仮の措置を定めるものであることから，暫定性を有する。これらの保全命令の性格から，被保全権利および保全の必要性について債権者の立証負担の軽減が図られ，証明ではなく疎明で足りるとされている。

　もっとも，疎明の程度は，実際の個別具体的な事案に応じて異なる。特に，仮の地位を定める仮処分命令は，これにより本案訴訟の請求認容判決と同様の

13　田代雅彦「建築禁止仮処分」菅野博之＝田代雅彦編『裁判実務シリーズ3　民事保全の実務』（商事法務，2012年）208頁〜209頁。

効果を生じさせるものであり（たとえば，工場の操業差止めを求める仮処分命令が発令されれば，工場の操業をすることができなくなる），債務者に重大な損害を与える。そこで，後記(2)でも述べるが，手続上，債務者が立ち会う審尋（裁判所が当事者に対して書面または口頭で意見陳述の機会を与える手続）の期日を経る必要がある（民事保全法23条4項）。また，実務上，債権者による立証の程度も通常の民事訴訟における証明の程度と異ならないものが求められるともいわれている[14]。

仮処分の審理は本案訴訟の審理よりも迅速になされるとともに，差止めの仮処分が認められた場合，債務者である企業に与える影響は非常に大きなものとなる。債務者は仮処分命令の審理において，差止めの対象とされた行為が債権者にとって受忍限度を超える被害を生じさせるおそれがないことを的確かつ迅速に主張・立証していく必要がある。

(2) **必要的審尋**

上述した仮の地位を定める仮処分は，発令されると債務者（差し止められる側）にとって打撃が大きいので，債務者の立ち会うことのできる審尋または口頭弁論の期日を経なければ発令することができない（民事保全法23条4項本文）。

その結果，重要な環境問題に関する事件では，決定までに1年以上の期間を要することも稀ではない。すなわち，「仮処分の本案化」の現象も稀ではない。

3 担保（保証金）

仮処分命令を含む保全命令の発令にあたっては，担保を立てさせ，または，一定の期間内に担保を立てさせることを保全執行の条件とすることができる（民事保全法14条）。

保全命令は被保全権利および保全の必要性の疎明に基づいて発せられるものであるため，本案訴訟において債権者の権利が否定されることもあり得る。そこで，違法，不当な保全命令により債務者が被る損害を担保するために，担保

---

[14] 須藤典明＝深見敏正＝金子直史『リーガル・プログレッシブ・シリーズ　民事保全（三訂版）』（青林書院，2013年）64頁。

（保証金）を立てさせることができる。債権者に担保を立てさせるか，立てさせるとしてその額をいくらにするかは，裁判所が自由裁量で決定する。

担保の額は，理論上，違法，不当な保全命令により債務者が被ることが想定される損害額や本案訴訟において債権者が敗訴する可能性等が考慮されるものと考えられるが，環境訴訟では一般に，健康被害等のおそれがある場合，担保を不要とする運用がされている[15]。担保を立てる金銭的余裕がないがゆえに健康被害を甘受するいわれはないとの考えからである。

無担保で保全命令が発令されると，後に債務者が本案訴訟で勝訴しても保全命令によって被った損害を回復することは事実上困難となる。

4　不服申立手続

仮処分命令を却下する決定がなされた場合，債権者は即時抗告をすることができる（民事保全法19条1項）。

他方，仮処分命令を認容する決定がなされた場合，債務者は保全異議または保全取消しの申立てをすることができる（同法26条・37条〜39条）。保全異議は，保全命令の審理が迅速性を要求し，審理も必ずしも十分に行われる保障がないため，同一審級の裁判所において被保全権利および保全の必要性の有無を審理し直すことにより，債務者に攻撃防御の機会を与えるものである。保全異議の申立てに対しては，裁判所は，保全命令を認可し，変更し，または取り消す決定をすることとなる（同法32条1項）。

保全異議または保全取消しの申立てについての裁判に対しては，保全抗告をすることができる（同法41条）。

5　起訴命令制度

仮処分は，本案訴訟の提起がなくても申立てが可能であるため，債務者は，債権者に対し，本案訴訟を提起させる起訴命令制度が存在する（民事保全法37条）。

---

[15]　越智106頁。

第4節

差止請求の論点
―日照妨害を理由とする建築差止め事案を例に

　本節では，差止請求の典型例である日照妨害を理由とする建物（マンション等）建築の差止請求事案を例に，問題となる点を解説する。マンション建築により近隣住民が日照妨害を受けるおそれがある場合，マンションの建設が完了すると近隣住民の被る日照妨害は確定する可能性があり，また，その撤去を求める訴訟で勝訴判決を得ても任意の履行が必ずしも期待できない。そこで，近隣住民にとっては，建築前ないし工事中に建築行為を差し止める必要性が高く，本案訴訟の提起に先立ち，マンションの建築禁止仮処分命令の申立てがなされることが多い。

　また，マンション建築の差止請求に関する紛争においては，行政不服審査（審査請求）や行政訴訟において，併せて建築確認処分の効力が争われることが多いため，これについても解説する（なお，後述のとおり，近時，行政不服審査法が改正されているので，条文には注意する必要がある）。

1　日影規制

　日照に関する規制として，日影による中高層建物の高さ制限（日影規制。建築基準法56条の2・別表4）が存在する。

　日影規制は，建築物の敷地が所在する区域に着目し，都市計画法8条1項1号に定める12種類の用途地域（【図表6】参照）のうち，商業地域，工業地域および工業専用地域の3区域は日影規制の対象外とし，その他の9区域および用途地域の指定のない地域のうち条例で指定されたものを，規制の対象区域としている。そして，対象区域ごとに，規制の対象となる建築物の高さ（たとえば，

第一種低層住宅専用地域においては、軒の高さが7mを超える建築物または地階を除く階数が3以上の建築物が規制対象となる)、日影の測定時点および許容される日影時間の上限を定めている。

日影規制は、建築基準関係規定への適合性審査を行う行政処分である建築確認（建築基準法6条）、建築主事等による完了検査（同法7条）等を通して遵守される。日影規制に違反した建築物については、他の建築基準法違反の場合と同様に、是正命令により違法が是正されることが予定されている（建築基準法

【図表6】 12の用途地域（都市計画法8条1項1号・9条1項〜12項）と日影規制の対象

対象内	第一種低層住居専用地域	低層住宅に係る良好な住居の環境を保護するため定める地域
	第二種低層住居専用地域	主として低層住宅に係る良好な住居の環境を保護するため定める地域
	第一種中高層住居専用地域	中高層住宅に係る良好な住居の環境を保護するため定める地域
	第二種中高層住居専用地域	主として中高層住宅に係る良好な住居の環境を保護するため定める地域
	第一種住居地域	住居の環境を保護するため定める地域
	第二種住居地域	主として住居の環境を保護するため定める地域
	準住居地域	道路の沿道としての地域の特性にふさわしい業務の利便の増進を図りつつ、これと調和した住居の環境を保護するため定める地域
	近隣商業地域	近隣の住宅地の住民に対する日用品の供給を行うことを主たる内容とする商業その他の業務の利便を増進するため定める地域
対象外	商業地域	主として商業その他の業務の利便を増進するため定める地域
対象内	準工業地域	主として環境の悪化をもたらすおそれのない工業の利便を増進するため定める地域
対象外	工業地域	主として工業の利便を増進するため定める地域
	工業専用地域	工業の利便を増進するため定める地域

9条)。

2　日照権と受忍限度論

　日影規制は地域的区分ごとに一律の内容の形式的規制であり，個別具体的な事情に対応するものではない。したがって，日影規制によりあらゆる日照紛争が予防されるものではなく，日影規制の違反がなくとも，日照妨害を受けるおそれがあると主張する周辺住民からの建物建設差止請求訴訟の提起があり得る。

　判例上，日照権は快適で健康な生活に必要な生活利益であり，法的保護の対象となる権利とされている（最判昭47・6・27民集26巻5号1067頁参照）。そこで，裁判実務上，差止請求権の法的根拠として人格権ないし物権的請求権が認められている。

　土地利用の高度化が進んだ現代社会では，建物が敷地外の近隣土地に日陰を生じさせることは避けられず，日照阻害の程度が低いにもかかわらず建物建築を違法として差止めを認めることは，土地の社会的効用を損なうことになる。そこで，差止請求の可否は，日照妨害により被害者が受ける不利益の程度が社会生活上受忍すべき限度を超えるか否かにより判断される（受忍限度論）。より具体的には，①日影規制違反の有無，②日照被害の程度，③地域性を中心に，④加害・被害の回避可能性，⑤加害・被害建築物の用途，⑥先住関係，⑦他の規制違反の有無，⑧交渉経緯を総合考慮して決するものと考えられている[16]。

　①日影規制違反の有無について，建築基準法の日影規制は建築物が他の土地に与える影響を最低限必要な範囲で抑制することを目的としており，その規制内容が許容し難い日照阻害の目安となる。そのため，一般に，差止めの対象とされた建築物が日影規制に違反している場合には，私法上も受忍限度を超えると判断される可能性が高く，日影規制に適合する場合には，原則として受忍限度を超えないと判断される可能性が高い[17]。

　②日照被害の程度については，裁判実務上，建築基準法上の日影規制になら

---

[16] 越智139頁～140頁。
[17] 鬼澤友直「建築工事に関する仮処分」中野哲弘＝安藤一郎編『新・裁判実務大系27 住宅紛争訴訟法』（青林書院，2005年）433頁。

い，最も日照が妨げられる冬至日を基準に，差止めの対象とされた建築建物が完成した場合において被害建物にもたらす日照阻害の時間によって被害程度を表すのが一般的である。測定時間帯としては，日照の実際の効用に乏しい早朝や日没直前を除く趣旨で，日影規制に準じて午前8時から午後4時までの8時間を採用することが多い。測定場所は，建物の受ける実際の日照阻害時間を問題にするため，日影規制とは異なり，被害建物の主要開口部分（戸，窓など通風・採光のための開閉部分）が基準となる。その他，日照阻害の生じる時間帯，開口部の位置と大きさ，各建物の配置等は，被害程度を評価するための考慮事情となるし，春分秋分の日照状況も参考にされることがある[18]。

　③地域性については，住居系地域や低層建物中心の地域であれば，日照保護の要請は高く，商業地域，工業地域についてはその要請は低くなる。具体的には，前記12種類の用途地域のいずれであるか，容積率（建築物の延べ面積の敷地面積に対する割合。建築基準法52条1項）・建ぺい率（建築物の建築面積の敷地面積に対する割合。同法53条1項）の制限，高度規制や地域の現況などが考慮される。用途地域は，上記の12の用途地域の定義にも示されているとおり，当該地域のあるべき土地利用に関する社会的経済的要請を反映したものであるといえ，判断上重要である。たとえば，第一種低層住居専用地域は，「低層住宅に係る良好な住居の環境を保護するため定める地域」（都市計画法9条1項）であり，日照被害の受忍限度が低い地域とされる。これに対し，近隣商業地域は，「近隣の住民地の住民に対する日用品の供給を行うことを主たる内容とする商業その他の業務の利便を増進するため定める地域」（同法9条8項）であり，日照被害の受忍限度は住居専用地域・住居地域よりも高いと考えられる。また，地域性に関する規制で把握しきれない土地利用の実情として，地域の現況が考慮されることもある。

3　建築禁止仮処分命令申立てにおける主張と立証

　日照被害を理由とする建築禁止仮処分命令の申立てにおいて，当事者は以上

18　宮崎謙「日照や良好な居住環境に対する被害の発生等を理由とする建築禁止の仮処分」須藤典明＝深見敏正『最新裁判実務大系3　民事保全』（青林書院，2016年）331頁。

第4節　差止請求の論点—日照妨害を理由とする建築差止め事案を例に

の受忍限度論の枠組みを踏まえ，主張・疎明をすることが重要である。当事者が主張・疎明すべきより具体的な事項は，主に【図表7】のとおりとされている[19]。

【図表7】　当事者が主張・疎明すべきより具体的な事項

(1)　当事者の地位	
①債権者側	所有する土地建物，これについての権利関係および利用状況
②債務者側	建築主，施工者（請負人，下請負人）
(2)　建築予定地，被害地および周辺の状況	
①建築予定地と被害地	各々の所在，面積，形状，建築予定地の前面道路幅員，両地の位置関係とその中での建築予定建物および被害建物の配置図（方位距離を正確な図面で示す），両地の高低関係，被害建物の主要開口部
②地域地区等の指定	都市計画上の用途地域，防火地域，高度地区等の指定，日影規制に関する条例の指定
③規制値	建ぺい率，容積率，高度制限，日影規制値
④付近の状況	土地の高低（傾斜），周囲の利用状況（特に中高層建物の存在）
(3)　建築計画の概要	
①用途	例：マンション，貸事務所，店舗，病院，自宅
②建築建物	構造，建築面積（建ぺい率），建築延べ面積（容積率），高さ（塔屋を含むものと含まないもの）
③建築確認の年月日	－
④工事の進捗状況と今後の計画	－
(4)　被　　害	
①建築予定建物による日照被害の程度	a）平面日影図 冬至および春秋分における午前8時から午後4時までの1時間ごとの日影図（第一種低層住宅専用地域または第二種低層住宅専用地域では地上1.5m，第一

---

[19] 鬼澤友直「建築工事に関する仮処分」中野哲弘＝安藤一郎編『新・裁判実務大系27　住宅紛争訴訟法』（青林書院，2005年）434頁。

	種中高層住宅専用地域，第二種中高層住宅専用地域，第一種住居地域，第二種住居地域，準住居地域，近隣商業地域又は準工業地域では条例に従い地上 4 m または6.5m（建築基準法56条の 2・別表第 4 参照）） b） 立面日影図（開口部を図示したもの） c） 等時間日影線図（建築基準法56条の 2 適用上の敷地境界線から 5 m および10mの線を記入したもの） d） 日影時間表（原則として主要開口部の過半が日影内にある時間による）
②周囲の既存建物による日照被害の程度	上記①と同様の疎明資料による。
③採光，通風，天空その他生活環境への影響	被害者多数のときは被害者ごとに個別具体的に明らかにする。
④被害の回避可能性	−
⑤建築計画の変更の可能性	−

4 仮処分における和解

　マンション等の建築差止請求事案において，建築予定の建物が法令に適合する場合には，受忍限度を超えないと判断される可能性が高く，差止めの仮処分が認められないケースが多い。

　しかし，受忍限度を超えない事案であっても，債権者（近隣住民）が建築により何らかの被害を被ることも確かであり，債権者の被害を軽減する余地がある場合には，和解によって何らかの調整がされて解決するケースも多い。民事保全法には和解について明文の規定はないが，同法 7 条は「特別の定めがある場合を除き，民事保全の手続に関しては，民事訴訟法の規定を準用する。」と定めており，民事訴訟法89条が和解について定めていることからすれば，仮処分事件においても和解が認められるものと解されており，実際に和解勧試が行われている。

(1) 和解の可否に関する考慮事項

債務者（建物の建築主，施工者）にとっては，①建築工事の進行状況，②販売状況が和解に応じるか否かの重要な考慮事項となる[20]。

仮処分の内容が建築差止めである以上，建築が終了すれば差止めの余地はなくなる。建築が終了していなくとも，基礎工事が進行すると建物の位置が固定され，鉄骨が組み上がると階数の減少等が困難になる等の制約が生じることから，債務者としては，和解による譲歩の余地が少なくならざるを得ない。

また，マンションの分譲販売がなされた場合，購入者との関係で債務不履行責任を生じるおそれがあることから，和解により設計変更や細部の仕様変更も困難となる（もちろん，違法な建物であれば，販売後であっても，適法となるような設計変更等を行うべきである）。

これらのことを踏まえ，債権者や裁判所から早期の和解案が提示されることもある。

(2) 和解条項の内容

和解にあたり考慮される事項（和解条項の内容）は以下のとおりである[21]。差止請求権の存否に関する事項にとどまらず，建築から派生する紛争の解決や将来発生する紛争の予防に関する事項まで幅広い内容を取り込んだ和解を行うことが考えられる。

① 建築の承認

和解が成立する場合には，債権者において，債務者による建物の建築を認めることになるので，「債務者が建物を建築することを認める。」との和解条項が設けられる。

② 日照に関わる設計変更

日照に関わる設計変更として，たとえば，建物の階数を減らしたり，北側の

---

[20] 古谷健二郎「建築差止め仮処分事件における和解の実情」門口正人＝須藤典明編『新・裁判実務大系13　民事保全法』（青林書院，2002年）228頁～229頁。

[21] 古谷健二郎「建築差止め仮処分事件における和解の実情」門口正人＝須藤典明編『新・裁判実務大系13　民事保全法』（青林書院，2002年）230頁～235頁，鬼澤友直「建築工事に関する仮処分」中野哲弘＝安藤一郎編『新・裁判実務大系27　住宅紛争訴訟法』（青林書院，2005年）438頁。

住居を削減したり，建築位置を債権者所有地との境界から離したりすることなどが考えられる。このほか，集光器の設置等の代替手段も考えられる。

　日照被害が受忍限度を超え，建築禁止の仮処分が認容される見通しの場合，設計変更により日照阻害が受忍限度を超えないようにすることは重要な和解条項となる。もっとも，債権者が複数の場合，被害の態様・程度は建築される建物と債権者が居住する建物との位置関係によりさまざまであり得ることから，設計変更の内容が全ての債権者の満足を得るものとならないときがある。このような場合には，和解金の支払により，これを補完することが考えられる[22]。

　他方，被害の程度が受忍限度を超えていると認められない場合には，日照被害緩和のための設計変更が和解条項に設けられない場合も多い。仮に設計変更に関する和解条項が設けられるとしても，債務者に影響の少ない範囲での設計変更にとどまることになり，そのような設計変更をしたとしても債権者の被る被害がほとんど軽減されない場合には，設計変更に関する和解条項ではなく，和解金の支払による解決が検討されることになる。

　③　債権者（近隣住民）側のプライバシーの確保

　建築禁止の仮処分命令の申立てにおいて，債権者がプライバシー侵害も被害の内容として主張する場合（実際にこのような例は多い），債権者のプライバシーの確保を目的とした仕様の変更を和解の内容とすることも考えられる。

　具体的には，a）ベランダ・バルコニーの縮小，b）目隠しの設置，c）窓に視界制御ガラス，視界制御フィルムを使用，d）窓の開閉角度の制限または固定，e）植栽などが考えられる。

　④　工事協定

　休日，作業時間，騒音・安全対策，大型車の使用制限，工事車両の駐停車・アイドリング，工事後の清掃，工事日程の周知等に関する事項を定めた工事協定を和解において結ぶことも多い。騒音の被害が大きい場合には，和解条項において一定以上の騒音が生じないよう配慮する旨を定めたうえで，履行確保のために騒音測定器を設置するなどが定められることがある。

22　齊藤顕「建築紛争に関する仮処分事件と和解」須藤典明＝深見敏正編『最新裁判実務大系3　民事保全』（青林書院，2016年）381頁。

⑤　マンション購入者への説明義務

　日照被害は建物それ自体により発生するが，プライバシー侵害は，人の行為，すなわち建築予定建物（マンション等）の購入者との間で問題となる。したがって，債権者（近隣住民）のプライバシーの確保を目的とする和解をする場合には，マンションの購入者との関係での配慮が必要となる。

　もっとも，債権者と債務者との和解では，マンションの購入者に対し直接何らかの義務を負わせることはできないから，債務者が購入者に対して交付する重要事項説明書に禁止事項を記載して，販売の際に必要な説明をするという内容の和解条項を設けることが考えられる。具体的には，マンション建設時に設置された目隠しの維持，住居以外の用途で使用することの禁止，周辺住民のプライバシーに配慮する，騒音を立てない，駐車・ゴミ出しに関するルールの遵守，ペット禁止などが考えられる。

⑥　金銭の支払

　一般的な事件の和解と同様に，建築差止仮処分事件における和解においても，金銭の支払がなされることがある。受忍限度を超える日照妨害により受ける精神的苦痛に対しては慰謝料が認められるが，裁判例で認められた慰謝料の額は一般に低額で，1人当たり150万円以下がほとんどとされている[23]。

　和解による解決の場合においても，和解金の額はこのような裁判例の傾向と大差ないものと考えられる。債権者が受ける被害は，建築される建物と債権者が居住する建物との位置関係により，重大なものから全く被害を受けないものまでさまざまである。そのため，仮処分命令を申し立てた債権者が複数の場合には，被害の大きい一部債権者に対してのみ和解金が支払われることや，他の債権者に対する支払額とは別に，特に被害の大きい債権者に対してのみ和解金が増額されることがある。

⑦　紛争状態の解消

　裁判外で建築反対運動がされている場合には，その解消に関する条項が必要となる。具体的には，すでに発生している紛争状態解決のための条項として，立て看板，垂れ幕，のぼりの撤去，インターネットホームページの削除，不服

23　好美清光＝大倉忠夫＝朝野哲朗『日照・眺望・騒音の法律紛争（第2版）』（有斐閣，1999年）205頁。

審査請求の取下げ等がある。また，将来の紛争状態を回避するための条項として，将来における反対運動の禁止，建築審査会の裁決について再審査請求や訴訟提起をしないなどの不作為を定める条項がある。

　債務者が適法な建物を建築している場合，債務者にとって和解をする実質的なメリットはこの条項を設けることであり，債務者にとって最も重要な和解条項である。

5　関連裁判例―建築工事禁止仮処分申立事件

(1)　事　案

　東京地決平2・6・20判時1360号135頁は，マンションの1階または2階に居住しているXら9名が，マンションの南に隣接する土地上に居宅（地上2階，地下1階，高さ5.157m，「本件建物」）を建築することを計画したY_1および建築工事を請け負った建築業者Y_2を相手方として，本件建物が計画どおり建築されると日照を阻害されると主張して，本件建物の一定部分より上方の建築工事禁止の仮処分命令を申し立てた事案である。

　当時の建築基準法および条例に基づく日影規制は，軒の高さが7mを超える建物または地上3階以上の建物を建てようとする場合，平均地盤面から1.5mの高さで，敷地境界線から水平距離で5mを超え10m以内の範囲で4時間以上の日影を生じさせてはならないというものであった（マンションの所在地域は第一種住居専用地域である）。ところが，本件建物は，高さ5.15m，地上2階の建物であるため，日影規制の対象とはなっていなかった。

(2)　裁判所の判断の概要

　裁判所は，以下のとおり受忍限度論により検討したうえで，本件建物が計画どおり建築された場合の日照被害は受忍限度を超えると判断し，本件建物の一定部分より上方の建築工事禁止の仮処分を認めた。

> ・建築基準法が「規制対象建物を軒の高さが7メートルを超える建築物または地階を除く階数が3以上の建築物と限定したのは，それ以下の建築

物の場合には一般的に日照を阻害する程度が高くないものと考えられ画一的に規制対象外とするという処理をしてもそれほどの不都合が考えられないことによるのであり，同法の規制の対象外の建物であることから直ちに私法上の受忍限度を超える日照被害を与えるものではないと解するのは相当ではなく，日照被害が受忍限度内のものであるか否かについては，建築基準法及び東京都条例の日影規制を当てはめた場合の適合の有無，地域性，被害の程度等の事情を考慮して判断すべきものである。」

- 本件建物が計画どおり建築された場合には，平均地盤面から1.5mの高さで，敷地境界線から水平距離で5mを超える地点で，Xら居住マンションの所在地上に東西に渡って約7mの範囲で<u>午前8時から午後4時までの8時間の日影が生じ</u>，同地点で7時間の日影が生じる範囲が東西約13mの範囲となり，これらの日影は，上記建築基準法及び東京都条例の規制を大幅に超えるものである。
- マンションの所在する地域は第一種住居専用地域であり住環境の保護が重視される。
- 本件建物による日照被害は，冬至におけるXらの居室の南側開口部のほぼ全体が8時間にわたって日影となる者が6名，4時間にわたって日影となる者が3名いるという著しいものである。

(3) 解説

　本決定が示すとおり，日影規制の対象外となる建築物であるからといって，差止請求が認められないとは限らない。本決定において検討されたように，日影規制の対象外となる建築物であっても，日影規制を適用した場合にどの程度の適合状況となるかをあらかじめ検討しておくことは，将来の紛争予防のために意義を有するものと考えられる。

　受忍限度論における考慮要素である日照被害の程度については，本決定において，Xらの居室の南側開口部のほぼ全体が8時間にわたって日影となる者が6名いるという認定がされたとおり，被害建物の主要開口部の日影の程度が特に考慮されている。

地域性については本決定でも都市計画法上の用途地域が問題とされ，本件の地域は第一種住居専用地域であり住環境の保護が重視される地域であるとした。これに対し，東京高判昭60・3・26判時1151号24頁は，3階建共同住宅の建築差止請求について，周辺地域が近隣商業地域であり，実際にも，3～4階程度の建物がありふれた存在となっており，一戸建の住居専用の建物がきわめて少なく，商店が多い状況となっていることから，「一般に一階開口部での日照享受は期待すべきではないと考えるのが相当である」としている。

6 建築確認に対する行政上の不服申立て・行政訴訟

(1) 行政上の不服申立て・行政訴訟による差止め効果

企業が行政庁の許可を取得して建物や施設を建設する場合などにおいては，私人が行政庁による許可の効力を行政不服審査手続または行政訴訟手続によって争うことがある。これらの手続の相手方となるのは許可をした行政庁であって企業ではないが，許可が取り消されれば企業にとっては建物や施設の建設をすることができなくなってしまうため，実質的には民事上の差止請求が認められたのと同等の影響を受けることとなる。ここでは，典型例である建築確認に対する行政上の不服申立て・取消訴訟について解説する。

(2) 建築確認

マンションなどの建築物についてはさまざまな公法上の規制が存在する。その代表的なものが建築基準法による規制である。マンションなどの建築物を建築しようとする場合には，建築主は，建築工事に着手する前に，建築計画が建築基準法などの建築基準関係規定（日影規制もこれに含まれる）に適合することについて，建築主事または国土交通大臣等の指定を受けた者（指定確認検査機関）による確認を受け，確認済証の交付を受けなければならない（建築基準法6条・6条の2）。

建築確認は，建築主の申請に係る建築計画が建築基準関係規定に適合していることを公権的に確定し，適法に建築工事を行うことを可能とする行政処分で

ある（最判昭60・7・16民集39巻5号989頁）[24]。

この建築工事に反対する周辺住民においては，行政上の不服申立てまたは行政訴訟により，建築確認の取消しを求めて争うことが想定される。これらが認められて建築確認が取り消されれば，建築主は建築工事を進めることができなくなるため，建物の建築差止めと同等の効果が生じることになる。

以下では，建築確認に対する行政上の不服申立方法である審査請求，建築確認に対する取消訴訟について，その概要を説明する。

(3) 審査請求・再審査請求

建築確認に対し不服のある者は，当該市町村または都道府県の建築審査会に対して審査請求をすることができる（建築基準法94条1項）。審査請求の裁決に不服がある者は，上級行政庁である国土交通大臣に対して再審査請求をすることができる（同法95条，行政不服審査法6条）。

法律上「処分に不服のある者」が審査請求をすることができると定められていることから（同法2条），審査請求をすることができる者は幅広く認められるかのようにも思われるが，判例はこの「処分に不服のある者」について，「一般の行政処分についての不服申立の場合と同様に，当該処分について不服申立をする法律上の利益がある者，すなわち，当該処分により自己の権利若しくは法律上保護された利益を侵害され又は必然的に侵害されるおそれのある者をいう」とし，この「法律上保護された利益とは，行政法規が私人等権利主体の個人的利益を保護することを目的として行政権の行使に制約を課していることにより保障されている利益」であるとしている（最判昭53・3・14民集32巻2号211頁）。これは，不服申立適格を後記(4)の取消訴訟における原告適格と同一に解する趣旨と考えられている[25]。

この点，日照については，建築基準法56条（建築物の各部分の高さ制限），56条の2（日影規制）等の規定から，建築物の近隣者個人の利益として個別的

---

24 関口剛弘「建築確認，建築許可と不服申立ての適格」中野哲弘＝安藤一郎編『新・裁判実務大系27　住宅紛争訴訟法』（青林書院，2005年）24頁。
25 塩野宏『行政法Ⅱ　行政救済法（第5版補訂版）』（有斐閣，2013年）20頁，宇賀克也『行政法概説Ⅱ　行政救済法（第5版）』（有斐閣，2015年）45頁。

に保護する趣旨と解されており，日照を害されるおそれがある近隣建物の居住者については，審査請求の請求適格が肯定される[26]。

審査請求においては建築確認が違法か否かが審理される[27]。したがって，審査請求においては，建築物の建築計画が建築基準関係規定に適合しているか否かが争われることとなる。当該建築確認が違法であり，審査請求に理由がある場合，建築確認を取り消す旨の認容裁決がなされる。その裁決が送達されれば直ちにその効力が生じるから（行政不服審査法51条），その時点で建物の建築工事等は中止せざるを得なくなる。

(4) 取消訴訟

建築確認処分の効力を争う方法として，建築確認処分の取消しを求める行政訴訟を建築主事の属する地方公共団体または指定確認検査機関に対し提起する方法もある（行政事件訴訟法8条1項・11条1項・2項）[28]。

取消訴訟は，当該処分の取消しを求めるにつき「法律上の利益を有する者」に限り提起することができ（行政事件訴訟法9条1項，原告適格），この「法律上の利益を有する者」とは，「当該処分により自己の権利若しくは法律上保護された利益を侵害され又は必然的に侵害されるおそれのある者をいうが，当該処分を定めた行政法規が，不特定多数者の具体的利益をもっぱら一般的公益の中に吸収解消させるにとどめず，それが帰属する個々人の個別的利益としても

---

26 関口剛弘「建築確認，建築許可と不服申立ての適格」中野哲弘＝安藤一郎編『新・裁判実務大系27 住宅紛争訴訟法』（青林書院，2005年）24頁。

27 一般論として，審査請求の審理の対象は処分の違法不当一般であり，処分が違法であるか否かのみならず，処分が不当であるか否かも審理対象となるとされている。しかし，建築確認は，申請に係る建築物の計画が建築基準関係規定に適合するかどうかを審査するという基本的に裁量の余地のない確認的行為の性格を有する処分であることから（最判昭60・7・16民集39巻5号989頁参照），建築確認に対する審査請求において審理されるのは，建築確認の違法性の有無であり，不当性が審理されることは原則としてないものと考えられる。

28 従来，建築確認に対する取消訴訟は，建築確認についての審査請求に対する建築審査会の裁決を経た後でなければ提起することができないと定められていたが（旧建築基準法96条，不服申立前置主義），2014年の行政不服審査法改正の際に，建築基準法96条が削除され，審査請求をせずに直ちに取消訴訟を提起するか，審査請求をまず行い，それに対する裁決になお不服がある場合に取消訴訟を提起するか，両者を同時並行して行うかを自由に選択できることとなった（行政事件訴訟法8条1項）。

これを保護すべきものとする趣旨を含むと解される場合には，かかる利益も右にいう法律上保護された利益に当たり，当該処分によりこれを侵害され又は必然的に侵害されるおそれのある者は，当該処分の取消訴訟における原告適格を有するということができる」とされている（最判平元・2・17民集43巻2号56頁）。そして，前記(3)のとおり，日照は，建築基準法56条（建築物の各部分の高さ制限），56条の2（日影規制）等の規定から，建築物の近隣者個人の利益として個別的に保護する趣旨と解されており，日照を害されるおそれがある近隣建物の居住者については，取消訴訟の原告適格が肯定される。

取消訴訟において審理の対象となる事項（訴訟物）は行政処分の違法性一般であるから，取消訴訟においても，建築物の建築計画が建築基準関係規定に適合しているか否かが争われることとなる。このように，取消訴訟および前記の審査請求においては，原則として，法規に照らして適法か否かの判断がなされることとなり，何らかの行政法規違反が存在する場合には必ずしも具体的な被害の発生の可能性を立証する必要はない[29]。これに対し，民事差止訴訟においては，受忍限度を超える被害発生の高度の蓋然性を立証する必要があり，事前予測が必要となり立証負担が重くなるが，他方で行政の規制基準を満たしていたとしても実際の被害発生の高度の蓋然性を立証することで差止請求が認容される可能性がある。

なお，取消訴訟においては，自己の法律上の利益に関係のない違法を理由として取消しを求めることができない（行政事件訴訟法10条1項）。これは，原告適格があることを前提として，訴訟における違法事由の主張を制限するものである。

最高裁は，建設工事が完了した場合には，建築確認取消訴訟の訴えの利益は消滅すると判示している（最判昭59・10・26民集38巻10号1169頁）。これを前提とすると，建築主は，迅速に建築を進めることによって，近隣住民の提起した取消訴訟を訴えの利益が消滅したとの理由により不適法な訴えとして退けることが可能となる。これに対しては，近隣住民側は，後記(5)で説明をする執行停止を行うことにより，判決まで建築工事を止めた状態で取消訴訟の審理を進め

---

[29] 日本弁護士連合会編『ケースメソッド　環境法（第3版）』（日本評論社，2011年）129頁。

ることを検討することになろう。この場合，どの程度容易に執行停止が認められるかが問題となる。

(5) 執行停止

建築審査会に対する審査請求を行っても，それだけでは建築確認処分の効力は停止されず（行政不服審査法25条1項），建築主は建築確認に基づき建築工事を続行することが可能である。したがって，審査請求に対する裁決までの間に建物が完成してしまうと，認容裁決であったとしてもその実効性を確保できない結果となる。そこで，審査請求人は，建築確認処分の執行停止の申立てを行うことが認められている（同法25条2項）。ただし，執行停止は「処分，処分の執行又は手続の続行により生ずる重大な損害を避けるために緊急の必要がある」ときでなければ認められず，また，これがある場合であっても，「公共の福祉に重大な影響を及ぼすおそれがあるとき」または「本案について理由がないとみえるとき」には執行停止をしないことができる（同法25条4項）。

取消訴訟についても，これを提起しただけでは建築確認処分の効力は停止されない（行政事件訴訟法25条1項）。そこで，取消訴訟提起後判決が確定するまでの間の仮の救済措置として，執行停止制度が存在する。執行停止は，「処分，処分の執行又は手続の続行により生ずる重大な損害を避けるため緊急の必要があるとき」でなければ認められない（同法25条2項）。また，「公共の福祉に重大な影響を及ぼすおそれがあるとき」または「本案について理由がないとみえるとき」には執行停止をすることができない（同法25条4項）。

第5節

景観侵害

1 景観の保護

　本節からは，前節で解説した日照妨害事案以外の差止請求が問題となった裁判例を環境分野ごとに紹介する。

　本節では，景観侵害について解説する。良好な景観が社会的に価値があることは明らかであり，景観法は「良好な景観は，美しく風格ある国土の形成と潤いのある豊かな生活環境の創造に不可欠なものであ」り，「国民共通の資産として」「その整備及び保全が図られなければならない」として（景観法2条1項），良好な景観形成に関する国の責務を定めるとともに，景観計画・景観地区の設定およびこれに基づく良好な景観形成のための規制について定めている。このように，行政による景観保護のための措置は法的にも承認されているところであるが，私人が良好な景観を享受する権利を有し，かかる権利に基づき，良好な景観を侵害する建築物の差止めなどを求めることができるか否かが問題となる。この点について問題となった著名な事件が，次に紹介する国立マンション事件である。

2 裁判例―国立マンション事件

(1) 事　案

　マンション販売会社 Y_1 が，東京都国立市の国立駅前にある通称「大学通り」と称される公道沿いに，建設会社 Y_2 に請け負わせて建築した地上14階建てのマンション（総戸数353戸，最高地点の高さ43.65m。以下「本件建物」という）

をY₃らに順次分譲販売したのに対し，近隣に学校を設置，居住，通学し，または大学通りの景観に関心を持つXらが，景観権ないし景観を享受する利益を違法に侵害されているなどと主張して，本件建物のうち高さ20mを超える部分の撤去と，慰謝料および弁護士費用の支払を請求した。当初は，建築工事差止め等を求める訴訟として提起されたが，訴訟係属中に本件建物が完成し，Y₃らに順次分譲されたため，完成した本件建物の一部撤去等を求める訴訟に変更され，建物の購入者ら（Y₃ら）が被告として追加された。

大学通りは，JR中央線国立駅南口のロータリーから南に向けて直線状に延びた公道であり，そのほぼ中央付近の両側に一橋大学の敷地が接している。大学通りは，歩道を含めると幅員が約44mあり，道路の緑地部分には171本の桜，117本のいちょう等が植樹され，並木道になっている。大学通り沿いの地域のうち，一橋大学より南に位置する地域は，大部分が第一種低層住宅専用地域（都市計画法9条1項）に指定され，建築物につき高さ10mまでとする制限があり，低層住宅群を構成している。そのため，一橋大学より南の大学通り沿いの地域では，本件建物を除き，街路樹と周囲の建物とが高さにおいて連続性を有し，調和がとれた景観を呈している。

本件建物の敷地（本件土地）は，大学通りの南端に位置しているが，絶対高さ制限はない。

Y₁は，平成12年1月5日，東京都建築主事から本件建物の建築確認を得て，同日建築工事に着工した。

一方，国立市は，建築基準法68条の2の規定に基づく国立市の条例として，国立市地区計画の区域内における建築物の制限に関する条例を制定し，さらに，その改正条例が可決され，平成12年2月1日に公布，施行された。本件改正条例によれば，本件土地に建築できる建築物の高さは，20m以下に制限されることになる。

本件改正条例が施行された当時，本件建物は，根切り工事[30]をしている段階にあったが，その後建築が進み，Y₁は，平成13年12月20日，東京都から確認

---

30 建築物を支持できる地盤が確保されたことに引き続き，建築物の基礎躯体や地下室部分を容れる空間を作り出すために，地盤面以下の土地を掘削する工事。建築物の形状に合わせ，地盤面の高さを精密に測定して，空間の形状を作るものである。

済証の交付を受け，平成14年2月9日から分譲を開始した。

(2) **第1審判決**（東京地判平14・12・18判時1829号36頁）
　第1審判決は，景観の権利性について以下のとおり判示し，Xらの請求のうち，大学通り沿いの少なくとも20mの範囲内に土地を所有するXら3名の請求について，Y_1および本件建物の区分所有者113名に対して本件建物の大学通りに面した棟のうち高さ20mを超える部分の撤去を求める限度で，さらにY_1に対して慰謝料および弁護士費用の支払を求める限度で認容した。

- 「特定の地域内において，当該地域内の地権者らによる土地利用の自己規制の継続により，相当の期間，ある特定の人工的な景観が保持され，社会通念上もその特定の景観が良好なものと認められ，地権者らの所有する土地に付加価値を生み出した場合には，地権者らは，その土地所有権から派生するものとして，形成された良好な景観を自ら維持する義務を負うとともにその維持を相互に求める利益（以下「景観利益」という。）を有するに至ったと解すべきであり，この景観利益は法的保護に値し，これを侵害する行為は，一定の場合には不法行為に該当すると解するべきである。」
- 「大学通りの両側少なくとも20メートルの範囲内の土地の地権者らが，大学通りの景観を維持しようとして，自ら高さ20メートルを超える建築物を建設しないという土地利用上の犠牲を払いながら，広幅かつ直線の道路と，直線道路の沿道に沿う並木，そして，直線道路の両側少なくとも20メートルの範囲に存在する建築物が20メートルの高さの並木を超えないものであることという3つを要素とする特定の人工的な景観を70年以上もの長期にわたって保持し，かつ，社会通念上もその特定の景観が良好なものとして承認され，その所有する土地に付加価値を生み出した場合であると認められる（以下これを「本件景観」という。）から，当該地権者らは，従来の土地所有権から派生するものとして，本件景観を自ら維持する義務を負うとともにその維持を相互に求める利益（景観利益）を有するに至ったと認めることができる。」

- 「本件建物は，大学通りの並木に近接した位置に建設された，並木の高さの20メートルを遥かに超える地上43.65メートルの大型マンションであり，（中略）本件景観の重要な要素である並木の周辺の建築物がいずれも20メートルを超えないものであることと明らかに抵触し，本件景観を侵害するものである。」
- 「本件建物のうち，少なくとも，大学通りに面した本件棟について高さ20メートルを超える部分を撤去しない限り，同原告らを含む関係地権者らがこれまで形成し維持してきた景観利益に対して受忍限度を超える侵害が継続することになり，金銭賠償の方法によりその被害を救済することはできないというべきである。」

(3) 控訴審判決（東京高判平16・10・27判時1877号40頁）

控訴審判決は，以下のとおり判示して，Xらの請求をいずれも棄却した。

- 「良好な景観は，我が国の国土や地域の豊かな生活環境等を形成し，国民及び地域住民全体に対して多大の恩恵を与える共通の資産であり，それが現在及び将来にわたって整備，保全されるべきことはいうまでもないところであって，この良好な景観は適切な行政施策によって十分に保護されなければならない。しかし，翻って個々の国民又は個々の地域住民が，独自に私法上の個別具体的な権利・利益としてこのような良好な景観を享受するものと解することはできない。もっとも，特定の場所からの眺望が格別に重要な価値を有し，その眺望利益の享受が社会通念上客観的に生活利益として承認されるべきものと認められる場合には，法的保護の対象になり得るものというべきであるが，一審原告らが主張する大学通りについての景観権ないし景観利益は，このような特定の場所から大学通りを眺望する利益をいうものではなく，一審原告らが大学通りの景観について個別具体的な権利・利益を有する旨主張しているものと解されるところ，一審原告らにこのような権利・利益があるものとは認められないから，本件建物による一審原告らの景観被害を認めることはできない。」

- 「景観は，当該地域の自然，歴史，文化，人々の生活等と密接な関係があり，景観の良否についての判断は，個々人によって異なる優れて主観的で多様性のあるものであり，これを裁判所が判断することは必ずしも適当とは思われない。」
- 「良好な景観を享受する利益は，その景観を良好なものとして観望する全ての人々がその感興に応じて共に感得し得るものであり，これを特定の個人が享受する利益として理解すべきものではないというべきである。これは，海や山等の純粋な自然景観であっても，また人の手の加わった景観であっても変わりはない。良好な景観の近隣に土地を所有していても，景観との関わりはそれぞれの生活状況によることであり，また，その景観をどの程度価値あるものと判断するかは，個々人の関心の程度や感性によって左右されるものであって，土地の所有権の有無やその属性とは本来的に関わりないことであり，これをその人個人についての固有の人格的利益として承認することもできない。」

(4) 最高裁判決（最判平18・3・30民集60巻3号948頁）

Xらは上告受理申立てをした。最高裁は，受理決定をし，以下のとおり判示して，Xらの上告を棄却した。

- 「良好な景観に近接する地域内に居住し，その恵沢を日常的に享受している者は，良好な景観が有する客観的な価値の侵害に対して密接な利害関係を有するものというべきであり，これらの者が有する良好な景観の恵沢を享受する利益（以下「景観利益」という。）は，法律上保護に値するものと解するのが相当である。」
- 「もっとも，この景観利益の内容は，景観の性質，態様等によって異なり得るものであるし，社会の変化に伴って変化する可能性のあるものでもあるところ，現時点においては，私法上の権利といい得るような明確な実体を有するものとは認められず，景観利益を超えて「景観権」という権利性を有するものを認めることはできない。」
- 「本件におけるように建物の建築が第三者に対する関係において景観利

益の違法な侵害となるかどうかは，被侵害利益である景観利益の性質と内容，当該景観の所在地の地域環境，侵害行為の態様，程度，侵害の経過等を総合的に考察して判断すべきである。そして，景観利益は，これが侵害された場合に被侵害者の生活妨害や健康被害を生じさせるという性質のものではないこと，景観利益の保護は，一方において当該地域における土地・建物の財産権に制限を加えることとなり，その範囲・内容等をめぐって周辺の住民相互間や財産権者との間で意見の対立が生ずることも予想されるのであるから，景観利益の保護とこれに伴う財産権等の規制は，第一次的には，民主的手続により定められた行政法規や当該地域の条例等によってなされることが予定されているものということができることなどからすれば，ある行為が景観利益に対する違法な侵害に当たるといえるためには，少なくとも，その侵害行為が刑罰法規や行政法規の規制に違反するものであったり，公序良俗違反や権利の濫用に該当するものであるなど，侵害行為の態様や程度の面において社会的に容認された行為としての相当性を欠くことが求められると解するのが相当である。」

- 「大学通り周辺の景観は，良好な風景として，人々の歴史的又は文化的環境を形作り，豊かな生活環境を構成するものであって，少なくともこの景観に近接する地域内の居住者は，上記景観の恵沢を日常的に享受しており，上記景観について景観利益を有するものというべきである。」

- 「国立市は，同年（筆者注：平成12年）2月1日に至り，本件改正条例を公布・施行したものであるが，その際，本件建物は，いわゆる根切り工事が行われている段階にあり，建築基準法3条2項に規定する「現に建築の工事中の建築物」に当たるものであるから，本件改正条例の施行により本件土地に建築できる建築物の高さが20m以下に制限されることになったとしても，上記高さ制限の規制が本件建物に及ぶことはないというべきである。本件建物は，日影等による高さ制限に係る行政法規や東京都条例等には違反しておらず，違法な建築物であるということもできない。また，本件建物は，建築面積6401.98m^{2}を有する地上14階建てのマンション（高さは最高で43.65m。総戸数353戸）であって，相当の

容積と高さを有する建築物であるが，その点を除けば本件建物の外観に周囲の景観の調和を乱すような点があるとは認め難い。」
- 「本件建物の建築は，行為の態様その他の面において社会的に容認された行為としての相当性を欠くものとは認め難く，上告人らの景観利益を違法に侵害する行為に当たるということはできない。」

(5) 解　説

　国立マンション事件は，良好な景観の恵沢を享受する利益が不法行為法上どのような法的保護を受けるかについて最高裁が一定の基準を示したという点で，きわめて重要な事件である。

　良好な景観が豊かな生活環境のために価値があることはいうまでもないが，それが個人の権利として認められるかどうかは見解が分かれるところである。控訴審判決が述べるとおり，景観の良否についての判断は個々人により異なる主観的なものであるし，景観に対する視点は固定的なものではなく，広がりのあるものである。すなわち，対象となる景観を見る状況（日常生活の中で見るものか，仕事で訪れた際に見るものか，散策の目的で訪れるものか等）はさまざまであり，また，見る人自身も移動するに伴ってその視点も移動し，それによってとらえることができる景観も変化する。さらに，良好な景観を享受することができないとしても，これによってその人の健康がただちに害されるものでもない。これらの点から，景観は特定の場所からの定量的な評価が可能である日照や，生活妨害や健康被害を生じる日照阻害，騒音，大気汚染等とは異なるものといえる。これらのことから，控訴審判決は景観利益が不法行為法上法的保護の対象となることを原則として否定した。

　これに対し，最高裁は，少なからぬ地方公共団体が都市の良好な景観を形成し，保全することを目的とする条例を制定していること，景観法が良好な景観が有する価値を保護することを目的としていることから，「良好な景観に近接する地域内に居住し，その恵沢を日常的に享受している者」について，これらの者が有する「良好な景観の恵沢を享受する利益（景観利益）」が法的保護の対象となることを認めた。最高裁の考え方によれば，景観利益の享受主体は限

定されており，単なる通行人について景観利益が認められるということにはならないが，良好な景観に近接する地域内に居住する者であれば，当該居住場所から直接に景観を享受することができないとしても，その享受主体であることを否定されるものではないと解される[31]。また，最高裁判決は，景観利益の法律上の性質を明示していないが，景観利益を良好な景観に近接する地域内に居住するものが有するその景観の恵沢を享受する利益と表現していることなどから，その性質を人格的な利益と位置付けているのではないかと考えられる[32]。

一方，最高裁判決は「景観権」については否定した。その理由は，土地所有者はその土地を自由に利用することができるのが原則であるところ，この土地利用権を制約し得る景観権ないし景観利益が，近隣土地の所有権から派生する権利として認知されていないこと，仮に景観利益について，法律および条例の基準に適合した建物の建築差止めや建築物の除去までも可能にする権利を承認するのであれば，その権利は，内容，効力が及ぶ範囲，発生の根拠，権利主体などについて明確な判断を下すことができるようなものでなければならないが，景観利益については，このような観点から権利性を承認し得る程度に成熟したものになっているとはいい難いと考えられることにある[33]。

最高裁判決は，どのような場合に景観利益の違法な侵害となるかについて，「被侵害利益である景観利益の性質と内容，当該景観の所在地の地域環境，侵害行為の態様，程度，侵害の経過等を総合的に考察して判断すべきである。」としたうえで，「ある行為が景観利益に対する違法な侵害に当たるといえるためには，少なくとも，その侵害行為が刑罰法規や行政法規の規制に違反するものであったり，公序良俗違反や権利の濫用に該当するものであるなど，侵害行為の態様や程度の面において社会的に容認された行為としての相当性を欠くことが求められると解するのが相当である。」と判示した。これは，不法行為の違法性は被侵害利益と侵害態様との相関関係において決定されるという相関関

---

[31] 髙橋譲「判例解説」法曹会編『最高裁判所判例解説民事篇　平成18年度（上）』（法曹会，2009年）447頁。

[32] 髙橋譲「判例解説」法曹会編『最高裁判所判例解説民事篇　平成18年度（上）』（法曹会，2009年）447頁。

[33] 髙橋譲「判例解説」法曹会編『最高裁判所判例解説民事篇　平成18年度（上）』（法曹会，2009年）448頁。

係説[34]（被侵害利益が強いものであれば，侵害行為の不法性が小さくても加害に違法性があることになるが，被侵害利益が弱いものであれば，侵害行為の不法性が大きくならないと，加害に違法性がない）を採用しつつ，景観利益が法律上の権利ではなく，被侵害利益としてそれほど強固なものとは認め難いことから，そのこととの相関関係に照らし，「その侵害行為が刑罰法規や行政法規の規制に違反するものであったり，公序良俗違反や権利の濫用に該当するものであるなど，侵害行為の態様や程度の面において社会的に容認された行為としての相当性を欠くことが求められる」として，侵害行為の態様や程度の面においてより大きく相当性が欠如することを要するとしたものと解される[35]。

このような判断枠組みは，日照権侵害など，他の多くの環境民事訴訟における不法行為の違法性判断の枠組みにおいて受忍限度論が用いられていることと異なる。受忍限度論においては行政法規の違反がなくとも受忍限度を超え違法とされることがあるのに対し，本最高裁判決は不法行為の成立にあたり行政法規への違反を明示的に要求しており，建物の建築が行政法規に違反しないにもかかわらず景観利益の侵害が不法行為になることは原則としてないものと考えられる。このような考え方は，景観利益については，これが侵害されたとしても被侵害者の生活妨害や健康被害を生じさせるものではなく，生活環境の豊かさの低下が生じるにとどまることなどに基づくものと考えられる。

最高裁は，本件の結論として，本件建物の建築は，上告人らの景観利益を違法に侵害する行為に当たるということはできないとした。その理由として，本件建物の建築が建築基準法や条例等に違反しておらず行政法規上違法ではないこと，本件建物の外観に周囲の景観の調和を乱すような点があるとは認め難いこと等が挙げられている。

本件建物の建築が行政法規上違法ではないことに関し，本最高裁判決が，根切り工事が建築基準法3条2項の「現に建築の工事中の建築物」に当たると判示した点は重要な意義を有する。建築基準法3条2項は，「この法律又はこれに基づく命令若しくは条例の規定の施行又は適用の際現に存する建築物若しく

---

34 我妻榮『事務管理・不当利得・不法行為（復刻版）』（日本評論社，1989年）125頁。
35 髙橋譲「判例解説」法曹会編『最高裁判所判例解説民事篇　平成18年度（上）』（法曹会，2009年）449頁。

はその敷地又は現に建築，修繕若しくは模様替の工事中の建築物若しくはその敷地がこれらの規定に適合せず，又はこれらの規定に適合しない部分を有する場合においては，当該建築物，建築物の敷地又は建築物若しくはその敷地の部分に対しては，当該規定は，適用しない。」と定めているが，「現に建築の工事中の建築物」とはいかなる場合をいうのか，解釈上争いのあるところであった。本最高裁判決は，根切り工事が「現に建築の工事中の建築物」に当たることを理由に，本件土地に建築できる建築物の高さを20m以下に制限する本件改正条例の規制は本件建物には及ばないと判示した。

最高裁判決は，その評価に主観性・多様性があり，客観的な把握が困難な景観利益につき，一定の場合に法的保護の対象となり，これに対する侵害が不法行為（民法709条）となり得ることを示したという点で重要な意義を有する。では，景観利益の侵害に基づく差止請求は認められるだろうか。最高裁判決はこれを否定したという見方もあるが[36]，景観利益の侵害（不法行為）に基づく差止請求が認められるか否かという法律上の問題点については判断していないという見方[37]もある。第1審も述べるとおり，景観利益の維持は差止め（または原状回復）によらなければ実現困難であり，救済方法として差止め・原状回復は否定されるものではないと考えられるが，これまで述べたとおり，景観利益の侵害が不法行為となる場合が限定されており，差止請求が認められるとしてもそのハードルは非常に高いものと考えられる。

(6) 国立マンション事件の関連訴訟

国立マンション事件については，以上に紹介したもののほかに，いくつかの関連訴訟が存在する。ここでは，これらのうち本件建物の建築禁止を目的とする事件を紹介する。

まず，本件建物付近の住民および学校法人が，Y_1およびY_2を相手方として

36　東京地八王子支判平19・6・15訟月57巻12号2820頁は，原告が本件最高裁判決を挙げて景観利益が差止請求の根拠となると主張したことに対し，本件最高裁判決が景観利益を超えた「景観権」という権利性を有するものであることを否定したと判示して，差止請求を否定した。

37　髙橋譲「判例解説」法曹会編『最高裁判所判例解説民事篇　平成18年度（上）』（法曹会，2009年）455頁。

第5節　景観侵害

本件建物の建築禁止の仮処分命令の申立てをした事件がある。東京地八王子支決平12・6・6 LEX/DB28071410は，大学通りの景観が破壊されることを根拠として本件建物の差止めを求めることはできない等として申立てを却下した。この抗告審である東京高決平12・12・22判時1767号43頁は，環境および景観に対する住民の利益は，それのみでは建築を差し止める根拠とはなり得ない等として，抗告を棄却した。

　行政訴訟として，本件建物付近の住民および学校法人が，本件建物は国立市地区計画の区域内における建築物の制限に関する条例に違反した建築物である等の主張をして，所轄の建築指導事務所長が建築基準法9条1項に基づく建築禁止命令および除却命令を発しない不作為が違法であることの確認等を求めた事件がある。東京地決平13・12・4判時1791号3頁は上記条例違反を認めて請求の一部を認容した。しかし，控訴審である東京高判平14・6・7判時1815号75頁は，本件建物は本件改正条例が施行された時点において建築基準法3条2項の「現に建築の工事中の建築物」に該当し，本件改正条例の適用を受けないから，建築基準法に違反する建築物ではないと判示して，原告らの訴えをいずれも却下すべきであると判断した。

3　国立マンション事件後の景観利益に関する裁判例

　国立マンション事件最高裁判決の後，同判例を引用して景観利益の侵害を理由とする差止請求の可否について判断した裁判例が複数存在するが，差止めを認めるハードルは高く，差止めを否定する裁判例が続いている。

(1)　東京地判平20・5・12判タ1292号237頁

　東急電鉄二子玉川駅周辺に居住する原告らが，二子玉川東地区の再開発事業の差止めを求めた事件である。裁判所は，原告らが主張する「多摩川の流れとその上に広がる空，丹沢や富士の眺めが一体となって形作る景観や自然」について，人為の加えられていない自然を対象とするものであるうえ，その景観を守ることを目的とした意識的な行政活動や住民活動が行われた形跡が認められないことなどを理由にして，景観利益を認めなかった。

(2) 東京地決平21・1・28判タ1290号184頁

　著名な漫画家が建築した，人目を引く赤白ストライプ外壁の2階建て建物（本件建物）に関する紛争である。近隣住民である原告は，本件建物の外壁部分が原告の景観利益等を侵害すると主張して，当該漫画家に対し外壁部分の撤去等を求めた。

　裁判所は，国立マンション事件最高裁判決を引用して，「良好な景観の恵沢を享受する利益には，建物等の土地工作物の外壁の色彩も含まれ得る」と判示したが，本件建物の存する地域には建物外壁の色彩について法的規制はなく，地域の住民間で建物外壁の色彩に関する取り決めもないこと，実際にも本件建物周辺にはさまざまな色彩の建物が存在し統一されていないことから，当該地域内に居住する者が，「建物外壁の色彩に係る景観の恵沢を日常的に享受しているとか，景観について景観利益を有するなどということはできない」として近隣住民の請求を棄却した。

(3) 京都地判平22・10・5判時2103号98頁

　京都市北区に所在する船岡山の南側斜面地に建設された地上5階建てマンション（本件マンション）に関する紛争である。近隣住民である原告が，景観権ないし景観利益に基づく妨害排除請求として，本件マンションの所有者に対して本件マンションの一部除去等を求めた。

　裁判所は，船岡山が数多くの歴史を持つ場所として歴史的経緯を有しており，第二種風致地区にも指定されるなど行政上もその環境を保護すべきものと考えられてきたこと，本件マンション付近に本件マンションのような5階建ての建物は建設されていなかったことなどから，本件マンション付近の景観は，良好な景観として，人々の歴史的または文化的環境を形作り，豊かな生活環境を構成するものであって，少なくともこの景観に近接する地域内の居住者は景観利益を有すると認めた。

　しかし，本件マンションの建築にあたり条例違反があったもののその違反は重大なものではなかったこと，本件マンションは地域において相当の高さと容積を有するという点を除けば周囲の景観の調和を乱すような点があるとはいえないことなどから，本件マンションの建築が社会的に容認された行為としての

相当性を欠くものとは認められず，本件マンションの周辺に居住する原告らの景観利益が違法に侵害されたとはいえないとして，近隣住民の請求を棄却した。

(4) 東京地判平24・9・24判夕1404号166頁

東日本旅客鉄道株式会社が，神田駅付近にある既存の新幹線高架橋を重層化して重層高架橋を建設するなどして東京駅および上野駅間に新たに線路を建設することにより，東北線・高崎線・常磐線の東京駅乗り入れおよび東海道線との直通運転を実施することを内容とする「東北縦貫線（東京駅〜上野駅間）整備事業」のための工事を行っていた際，神田駅周辺の居住者らが原告となって，東日本旅客鉄道株式会社（被告）に対し，重層高架橋の建設の差止めを求めた事案である。

重層高架橋の建設により古き良き下町としての神田駅周辺の景観が損なわれるとの原告の主張に対し，裁判所は，国立マンション事件最高裁判決を引用したうえで，本件事業区域の周辺は中高層の建築物が立ち並び，新幹線，在来線，幹線道路が整備された都市景観となっており，重層高架橋の建設によっても周辺の景観特性が大きくは変化せず，神田駅周辺の景観が損なわれるとはいえないことなどから，原告らの良好な景観を享受する利益が違法に侵害されると認めることはできないとして，請求を棄却した。

以上のように，国立マンション事件最高裁判決後に景観利益の侵害について争われた裁判例は，原告の主張する景観利益自体を否定する裁判例，原告が景観利益を有することは認めるものの景観利益に対する違法な侵害があるとはいえないとする裁判例ばかりであり，差止請求を認めない裁判例が続いている。

第6節

眺望侵害

1 眺望利益の保護

　本節では，眺望利益（個人が特定の建物に居住することなどによって，そこから得られる観望による利益）の侵害を理由とする差止請求について解説する。

　マンション等の高層建物が建築されることにより，それまで享受していた眺望が損なわれることがある。眺望利益は，一体としての眺望の利益（山並みや海など自然物の眺望，眼下の夜景など）と特定物の眺望の利益（富士山の眺望，東京タワーの眺望など）とに大別される[38]。このような眺望利益は法的保護の対象となり，差止請求の根拠とすることができるであろうか。

　眺望利益が保護に値するとしても，その価値は個人によって異なり得る主観的なものである。眺望利益は日常生活に必要不可欠とはいえず，これが侵害されたとしても被侵害者の生活妨害や健康被害を生じさせるものではないという点で景観利益と共通する。一方，眺望利益は，私人が特定の場所からの良好な眺望を享受する利益であり，景観利益よりも私益性が高い。また，眺望利益は状況依存的なものであるという特徴もある。すなわち，眺望利益を享受する者は，眺望の対象となる自然物・人工物等に対する直接の管理権・所有権を有しておらず，特定の場所と対象物との間に眺望を遮る障害物が存在しないという状況に依存して眺望利益を享受するにすぎず，また，これらの対象が物理的に変化することを止める権利を有するものではない。

　眺望利益のこのような特徴から，眺望利益として法的保護の対象とされるこ

---

[38] 鎌野邦樹「建築近隣民事紛争」松本克美＝齋藤隆＝小久保孝雄『専門訴訟講座2　建築訴訟（第2版）』（民事法研究会，2013年）161頁。

と，および，これに対する違法な侵害として眺望を妨げる建物の建築等の差止めが認められる場合は限定される。すなわち，眺望利益として法的保護の対象となるためには，「特定の場所がその場所からの眺望の点で格別の価値を持ち，このような眺望利益の享受を一つの重要な目的としてその場所に建物が建設された場合のように，当該建物の所有者ないし占有者による眺望利益の享受が社会観念上からも独自の利益として承認せられるべき重要性を有するものと認められる」ことを要する[39]。

そして，その眺望利益の侵害が違法となるのは受忍限度論よりも厳格であり，侵害行為の態様・程度の面で社会的相当性を欠く場合に限られると解される[40]。このようなことから，眺望利益の侵害を理由とする建築禁止が認められるのは，債務者が眺望を強調して債権者に対しマンションを販売したにもかかわらず，債務者自身がこれを侵害するマンションを新たに建築するといった信義則に反するような事案を除くと，極めて限定されたケースにとどまるとの指摘もある[41]。

眺望は建築物の高さ制限，景観地区等によっても間接的に保護され得るが，景観利益に比べて公共性が相対的に低い特徴もあり，眺望利益を直接保護する国法はない[42]。

2　裁判例―建物建築禁止仮処分命令申立事件

横浜地小田原支決平21・4・6判時2044号111頁は，別荘からの良好な眺望が失われることを理由として，建築等の差止めを求める仮処分を申し立てた事案である。

(1)　事　案
神奈川県足柄下郡真鶴町に別荘を保有している債権者が，隣接土地に建物を

---

[39]　東京高決昭51・11・11判時840号60頁，東京地判平20・1・31判タ1276号241頁。
[40]　越智167頁，169頁。
[41]　齊藤顕「建築紛争に関する仮処分事件と和解」須藤典明＝深見敏正編『最新裁判実務大系3　民事保全』（青林書院，2016年）382頁。
[42]　越智166頁。

建築しようとしている債務者に対し，計画どおりに建物が建築されてしまえば，別荘からの良好な眺望が失われることを理由として，人格権または不動産の所有権に基づき，一定の高さ以上の建物の建築等の差止めを命ずる仮処分を求めた。

債務者がこれを受けて建築工事の着手を停止したため，一部地盤工事が行われた状態のままとなった。

真鶴町は，古くから観光地・別荘地として発展してきた歴史を有し，景観計画を策定するなど，良好な景観，環境の保全を図るために各種の積極的な施策を実現してきた。債権者土地から東側を見たときの眺望は，債権者土地の庭の植樹の向こうに住宅街を見下ろし，住宅街の先には真鶴港と相模湾を見渡すことができる。また，南東方向（右手）は海に突き出す真鶴半島の緑が見え，北東後方（左手）には国府津から江の島にかけての海岸を見通すことができる。

(2) 裁判所の判断の概要

裁判所は，以下のとおり判示して，債務者が行おうとする建物の建築が債権者の眺望利益に対する違法な侵害になると認め，民事保全法24条により，進行中の建物建築工事を禁止した。

> - 債権者土地建物から東側を見渡す眺望を債権者が享受する利益は法的保護の対象となるか
>
> 「ある一定の場所から見ることのできる周囲の景観，遠方の自然風物や人工物に対する見晴らしが，人に視覚上の美的満足や心理的な解放感などをもたらす作用を有する場合において，その場所を所有又は占有するなどして，その場所からの良好な眺望を享受している者は，良好な眺望の恵沢を享受する利益（以下「眺望利益」という。）を有」する。「その法的性質は，個人の人格的利益又は生活利益の一内容をなすものと考えるべきであ」る。
>
> 「もっとも，人格的利益として法的保護に値する眺望利益があるといい得るためには，その眺望が，人格的生存に重要な価値を与えるものとして社会から承認されるべき重要性を備える必要がある。したがって，眺望利

益の存在が認められるためには，①その場所からの眺望が，個人の好みという主観的感情を超えて，文化的・社会的にみて客観的価値を有するといえる場合でなければならない。加えて，②その眺望を享受している者とその場所との関わりの程度及び経緯等の事情に照らし，その眺望が，これを享受する者の生活に重要な価値を有していると認められることも必要であるというべきである。」

「真鶴半島は，自然を多く残し，緑豊かな地域であるとともに相模湾を見渡すことのできる風光明媚な場所である。また，そのような豊かな地理的特性は，地域住民，地域行政によって守られてきた歴史を有する。債権者土地建物からの眺望は，一般人の目から見ても極めて美しいものである。これらからすれば，債権者土地建物からの眺望は，前記①の観点から，客観的に極めて高い価値を有するものと認められる。

債権者土地建物は別荘として長く利用されており，債権者の父が良好な眺望に着目して債権者土地を購入した当時，その取引の仲介者が，債務者土地の所有者から債務者土地の現状を変更しないとの確約を取り付けたことなどからすれば，前記②の観点からも，債権者土地建物からの良好な眺望は重要な価値を有していると認められる。

以上によれば，債権者の享受する債権者土地建物からの良好な眺望は，法的保護に値する。」

- **債務者が計画どおりに建物を建築することは，債権者の眺望利益に対する違法な侵害となるか**

「いかなる場合に眺望利益に対する侵害行為が違法の評価を受けることとなるかについては，被侵害利益である眺望利益の性質と内容，侵害行為の態様，程度，侵害の経過，当該眺望を成立させる地理的条件に関する地域環境等を総合的に考察して判断すべきである。」

「眺望利益は，これを享受する者にとって，生活に必要不可欠なものではないこと，眺望を成立させている諸条件に対して直接的な支配権能を有しないという意味で状況依存性が高いことに加えて，眺望利益の保護は，周囲の土地所有権等に対する制約を必然的に伴うことをも考慮すると，眺

望利益に対し，法的に強度の保護を与えることは相当ではない。
　よって，眺望利益に対する侵害行為が違法の評価を受けるのは，侵害行為の態様や程度の面において社会的に容認された行為としての相当性を著しく欠く場合に限られると解するのが相当である。」

「債権者土地建物からの眺望は極めて高い価値を有するが，債務者建物が完成すればほぼ完全に遮断されること，債権者の父は債権者土地からの眺望を気に入って別荘として購入したこと，その際，当時の債務者土地所有者は債権者の父に対して，眺望を阻害しない旨約束していたことなどから，眺望利益に対する侵害の程度は甚大である。他方，債務者建物は建築規制法令上の問題はないものの，債務者は，建物の建築によって債権者土地建物からの眺望をほぼ全て失わせる結果となることを予測し得たはずであり，また，債務者土地の造成や建物の設計方法により債権者土地建物からの眺望の全部ないし一部を害さない建物を建築する余地も十分にあった。ところが，債務者は債権者土地建物からの眺望を残すような配慮を一切せず，専ら自らの都合だけを考えて設計を行った上，債権者に対する事前の説明，交渉も回避してきた。」

「これらの事情を総合勘案すると，債務者が行おうとする債務者建築予定建物の建築は，社会的に容認された行為としての相当性を著しく欠くと認めるのが相当であり，債権者の眺望利益に対する違法な侵害であると評価すべきである。」

(3) 解　　説

本決定は，国立マンション事件最高裁判決（最判平18・3・30民集60巻3号948頁）と類似の説示をしており，同判決を応用しつつ，景観利益と眺望利益の差異を考慮して眺望利益の法的保護性とその侵害に対する違法性について判断したものと考えられる。本決定が，眺望利益の法的保護性の要件として，①その場所からの眺望が，個人の好みという主観的感情を超えて，文化的・社会的にみて客観的価値を有するといえること，②その眺望を享受している者とその場所との関わりの程度および経緯等の事情に照らし，その眺望が，これを享

受する者の生活に重要な価値を有していることが必要であると判示した点は，言い回しに相違はあるものの，前記①で説明した考え方と同様の趣旨に立つものと考えられる。また，本決定は，眺望利益の侵害行為の違法性に関し，眺望利益が状況依存的な利益であるなど眺望利益の特徴を踏まえ，前記①と同様の考え方に立ち，侵害行為の態様・程度の面で社会的相当性を著しく欠く場合に限られると判示している。

　本決定は，債務者が行おうとする建物の建築は社会的相当性を著しく欠くとして，建物の建築の差止めを求める仮処分命令を認容した。この結論は，建物の建築が建築規制法令に違反しておらず行政法規上の違反はなかったことからすると，債権者の有する眺望利益の価値が客観的に高いという被侵害利益の性質のみならず，過去に債務者土地所有者が債権者の父に対して眺望を阻害しない旨約束していたこと，債務者が計画どおり建物を建築すれば債権者の眺望を失わせることを予測しながら，債権者に対する事前の説明，交渉を一切回避したことなど，債務者の侵害行為の不適切さをも考慮したことによるものと考えられる。

　本決定は，建物の建築につき行政法規上の違反がないにもかかわらず，社会的相当性を欠くとして仮の差止めを認めた事例として参考になる（ただし，本決定は保全異議で取り消されたようである[43]）。

43　越智167頁。

第7節 騒　　音

1　騒音に関する規制

　騒音は日常生活に密接に関連して発生する環境問題の1つであり，公害に関する苦情の中でも最も件数が多い[44]。騒音，すなわち音の強さ，大きさの単位としては，dB（デシベル）またはホンが用いられる。
　以下では，騒音に関する規制のうち，環境基準法16条に基づく環境基準および騒音規制法について，その概要を解説する。

(1)　騒音に係る環境基準
　環境基準法16条に基づく環境基準（「騒音に係る環境基準について」平成10年9月30日環境庁告示第64号）は，騒音に係る環境上の条件について生活環境を保全し，人の健康の保護に資するうえで維持されることが望ましい基準として定められたものであり，地域の類型および時間の区分ごとに以下のとおりである。各類型をあてはめる地域は，都道府県知事（市の区域内の地域は市長）が指定する。

---

[44]　大塚381頁。

地域の類型	基準値	
	昼　間	夜　間
AA（療養施設，社会福祉施設等が集合して設置される地域など特に静穏を要する地域）	50dB 以下	40dB 以下
A（専ら住居の用に供される地域）および B（主として住居の用に供される地域）	55dB 以下	45dB 以下
C（相当数の住居と併せて商業，工業等の用に供される地域）	60dB 以下	50dB 以下

（注）　時間の区分は，昼間を午前6時から午後10時までの間とし，夜間を午後10時から翌日の午前6時までの間とする。

ただし，道路に面する地域については，上表によらず基準値が緩和されている。

なお，同環境基準は，達成または維持を図るべき行政上の政策目標であり，騒音が基準値を超えても直ちに違法となるものではない。また，この環境基準は，航空機騒音，鉄道騒音および建設作業騒音には適用されない。

(2)　騒音規制法

騒音規制法は，工場および事業場における事業活動，建築工事に伴って発生する騒音，自動車騒音に関する規制を定めた法律である（騒音規制法1条）。ここでは，これらのうち工場および事業場における事業活動に伴って発生する騒音の規制について解説する。

都道府県知事（市の区域内の地域については市長）は，住居集合地域，病院，学校の周辺等，騒音を防止することにより住民の生活環境を保全する必要があると認める地域を，騒音を規制する地域として指定し（指定地域。同法3条），併せて，環境大臣の定める基準の範囲内で規制基準を定める（同法4条1項）。これが規制対象地域および規制基準となる。

環境大臣の定める基準（「特定工場等において発生する騒音の規制に関する基準」昭和43年11月27日厚生省・農林省・通商産業省・運輸省告示第1号）は以下のとおりである。

時間の区分／区域の区分	昼　間	朝・夕	夜　間
第一種区域（良好な住居の環境を保全するため，特に静穏の保持を必要とする区域）	45dB 以上 50dB 以下	40dB 以上 45dB 以下	40dB 以上 45dB 以下
第二種区域（住居の用に供されているため，静穏の保持を必要とする区域）	50dB 以上 60dB 以下	45dB 以上 50dB 以下	40dB 以上 50dB 以下
第三種区域（住居の用にあわせて商業，工業等の用に供されている区域であって，その区域内の住民の生活環境を保全するため，騒音の発生を防止する必要がある区域）	60dB 以上 65dB 以下	55dB 以上 65dB 以下	50dB 以上 55dB 以下
第四種区域（主として工業等の用に供されている区域であって，その区域内の住民の生活環境を悪化させないため，著しい騒音の発生を防止する必要がある区域）	65dB 以上 70dB 以下	60dB 以上 70dB 以下	55dB 以上 65dB 以下

（注）　昼間とは，午前7時または8時から午後6時，7時または8時までとし，朝とは，午前5時または6時から午前7時または8時までとし，夕とは，午後6時，7時または8時から午後9時，10時または11時までとし，夜間とは，午後9時，10時または11時から翌日の午前5時または6時までとする。
　　第二種区域，第三種区域または第四種区域内に所在する学校，保育所，病院等の敷地の周囲概ね50mの区域内においては，上記表の最低基準値から5dB低い値を最低基準値とすることができる。

　規制対象となる工場・事業場は，指定地域内の特定工場等（特定施設（金属加工機械等の著しい騒音を発生する施設。同法2条1項，騒音規制法施行令1条・別表第1）を設置する工場または事業場をいう（同法2条2項））である。この特定工場等を設置している者は，当該特定工場等に係る規制基準を遵守しなければならない（同法5条）。特定工場等において発生する騒音が規制基準に適合しないことにより周辺の生活環境が損なわれるときは，市町村長は改善勧告をすることができ（同法12条1項），勧告に従わない場合には改善命令ができる（同条2項）。改善命令違反には罰則がある（同法29条）。

　指定地域内の工場・事業場に特定施設を設置する場合には，市町村長に対し騒音の防止の方法等を届け出なければならない（同法6条）。

2 騒音における受忍限度論

　工場等の騒音に対する差止めの可否は，受忍限度論によって判断される。

　最判平 6 ・ 3 ・24判時1501号96頁は，工場の操業差止請求の事案について，「工場等の操業に伴う騒音，粉じんによる被害が，第三者に対する関係において，違法な権利侵害ないし利益侵害になるかどうかは，侵害行為の態様，侵害の程度，被侵害利益の性質と内容，当該工場等の所在地の地域環境，侵害行為の開始とその後の継続の経過及び状況，その間に採られた被害の防止に関する措置の有無及びその内容，効果等の諸般の事情を総合的に考察して，被害が一般社会生活上受忍すべき程度を超えるものかどうかによって決すべきである。」と判示した。

　日常生活が常に無騒音状態であることはあり得ず，その住環境もさまざまである以上，およそすべての騒音の発生が違法であるということはできない。騒音の及ぼす影響は一時的不快感から日常生活の妨害，さらには人の生理機能への影響などさまざまであり得る以上，騒音被害が一般社会生活上受忍すべき程度を超える場合に違法であるとすべきである。

3 裁判例―配送センターおよび冷凍基地施設の操業による騒音差止請求事件

　名古屋地判平17・11・18判時1932号120頁は，上記2の最判平 6 ・ 3 ・24判時1501号96頁と同様の判断枠組みによって，騒音による被害が受忍限度を超えているか否かを判断した判決である。

(1) 事　　案

　貨物自動車運送業および倉庫業等を営む被告は，原告の居住地の近隣において，1997年から配送センターの操業を始め，その後，2003年から配送センターに冷凍基地施設を増設して操業を開始した。

　これに対し，原告は，被告が夜間（午後10時から翌朝午前 6 時まで）に発す

る騒音は，原告が平穏に生活する権利（人格権）を侵害するものであると主張して，人格権に基づく差止請求権として，午後10時から翌朝午前6時まで原告宅に40dBを超える騒音を流入させることの禁止を求めた（抽象的差止請求（第2節②(2)参照））。

(2) 裁判所の判断の概要

裁判所は，前記②の最判平6・3・24判時1501号96頁と同様に，「工場等の操業に伴う騒音が，第三者に対する関係において，違法な権利侵害ないし利益侵害になるかどうかは，侵害行為の態様，侵害の程度，被侵害利益の性質と内容，当該工場等の所在地の地域環境，侵害行為の開始とその後の継続の経過及び状況，その間に採られた被害の防止に関する措置の有無及びその内容，効果等の諸般の事情を総合的に考察して，被害が一般社会生活上受忍すべき程度を超えるものかどうかによって決するのが相当である。」と判示したうえで，この受忍限度論の考慮要素を，以下のとおり個別にあてはめて差止請求の可否を判断した。

---

① 侵害行為の態様および侵害の程度

被告は，冷凍基地の操業を開始して以降，夜間約60ないし70dBの騒音を放出し続けている。条例が定める規制基準は，原告の自宅および被告の施設が存する地域において夜間50dBまでであるところ，この規制基準を10ないし20超える騒音は重大なものである。そして，この騒音の発生源は，夜間に被告施設内を出入りするトラックの移動音およびエンジン音等である。夜間に被告施設を出入りするトラックの台数は，冷凍基地稼働前は1日当たり20台程度であったが，冷凍基地稼働後は1日当たり100台を超えており，冷凍基地稼働前後で，60ないし70dBの騒音が発生する頻度が，20ないし30分に1回程度から5分に1回程度に増えた。

② 被侵害利益

本件の被侵害利益は，夜間における平穏な生活であり，重要な利益である。

③　地域環境

　条例が定める規制基準においては，被告の施設は「準工業地域」，原告の自宅は「その他の地域」として夜間50dBまでとされているが，被告の施設が設置される以前は，原告の自宅およびその周辺は住居地域としての実態を備えていた。

④　侵害行為の開始とその後の継続の経過および状況

　本件騒音は，平日，休日を問わず，現在に至るまで連日発生していること，また，被告施設を出入りするトラックは徐々に増え続けていることから，本件騒音は今後も継続することが認められる。

⑤　被害の防止に関する措置

　被告はいくつかの騒音防止措置を施したが，冷凍基地稼働後，自らその効果を検証しておらず，十分な効果が認められない。

⑥　まとめ

　以上を総合すると，冷凍基地稼働以降，60ないし70dBの重大な騒音がかなりの頻度で発生しており，被告による重大な侵害行為があるというべきである。これに加えて，被侵害利益の重要性，原告宅付近が実態として住宅地域にあること，本件騒音が今後も継続することが予想され軽減することはなく，これに対する有効な防止措置も施されていないこと等を考えると，冷凍基地稼働以降の騒音は受忍限度を超えるものというべきである。一方，冷凍基地稼働前については，夜間に被告施設を出入りするトラックの台数が1日当たり20台程度にすぎず，60ないし70dBの騒音は，20ないし30分に1回程度発生するにすぎないから，受忍限度を超える騒音であるということはできない。

　本件騒音は受忍限度を超えるものであり，今後もその継続が予測される以上，その差止めを命ずる必要がある。条例の規制基準が夜間50dBまでと定めていることに鑑みると，差止請求は，夜間（午後10時から翌朝午前6時までの間）において原告宅敷地内に50dBを超える音量の騒音を流入させてはならないとする限度で認めるのが相当である。

(3) 解　説

　本判決は，条例の規制基準（50dB）をもとに，この基準を10ないし20dB超える騒音が夜間において5分に1回程度発生しており受忍限度を超えるものとして，50dBを超える音量の騒音の差止めを認めたものである。第4節⑤にて紹介した日照妨害に関する建築工事禁止仮処分事件（東京地決平2・6・20判時1360号135頁）と同様，ここでも規制基準からの逸脱の程度が考慮されている。騒音被害において最も重視される要素は騒音レベルであり，その評価にあたっては，騒音規制法や条例に基づく規制基準が客観的な判断資料として重視される。他の裁判例においても，騒音規制法上の規制基準や各都道府県の公害防止条例上の規制基準を比較対象の資料としているものが多い。そして単に騒音レベルが大きいということだけではなく，それが断続的にせよ一定期間継続していることや夜間に及んでいることなどの事情が加わると受忍限度を超えると評価されることが多い[45]。本件においては，規制基準を10ないし20dB逸脱する騒音が夜間において5分に1回程度断続的に発生していることから，騒音被害の程度は重大なものであるといえる。

　また，原告の自宅付近の地域性（実態として住宅地域であること）についても，同様に考慮されている。同じ程度の騒音であっても，閑静な住居専用地域であれば受忍限度を超え，工業地域であれば受忍限度内となることがあり得る[46]。また，環境基準法16条に基づく環境基準や騒音規制法も，地域性によって異なる騒音基準を設けている。日照権侵害や騒音など住民の生活環境を妨害する事案においては，侵害が発生している地域の地域性が問題にされることが多いといえよう。

　差止請求が認められるためには，将来にわたって侵害行為が継続するおそれがなければならない（過去において侵害行為が発生していたが，将来発生するおそれがない場合には，過去の侵害行為に対する損害賠償のみが問題となる）。この点，本判決においては騒音が今後も継続することが予測されるとして，差

---

[45] 佐藤陽一「騒音公害と不法行為責任」山口和男編『裁判実務大系16　不法行為訴訟法(2)』（青林書院，1987年）96頁。

[46] 「騒音・振動に関する仮処分」東京地裁保全研究会『民事保全実務の諸問題』（判例時報社，1988年）278頁。

止請求が認められている。

4 裁判例―スポーツセンターから発生する騒音の差止請求事件

さいたま地熊谷支判平24・2・20判時2153号73頁は、スポーツ施設から発生する騒音に関し、受忍限度論により差止めの可否を判断した判決である。

(1) 事 案

スポーツ施設の隣接地の自宅に居住している原告らが、スポーツ施設（本件施設）から発生する騒音（本件騒音）により精神的苦痛を受けると主張して、人格権に基づき、本件騒音の差止めおよび一定の時間帯における使用差止めを求めた。具体的な請求内容は、本件施設から発生する音量が55dBを超えないように防音措置をするよう求めるとともに、日曜日以外の日は午後8時から午前10時までの間、日曜日は終日、運動場としての使用を禁止することを求めるものである。

(2) 裁判所の判断の概要

裁判所は、本件騒音が受忍限度内であるかどうかについて、「本件騒音の程度、種類・性質、原告らの被害の内容・程度、本件の経緯、本件騒音低減のために被告が行ってきた措置等、土地利用の先後関係、原告ら以外の近隣住民の反応、本件施設の公益性ないし社会的価値等の観点から、」以下のとおり判断した。

① 本件騒音の程度

騒音レベルは、本件施設と隣接した敷地上にある原告X_1の自宅との敷地境界線上で57ないし58dBであり、環境基準[47]及び規制基準[48]を上回って

---

[47] ①(1)で解説した環境基準法16条に基づく環境基準である。原告らの自宅および本件施設の所在地（都市計画法8条1項1号の第一種住居地域）における環境基準は、昼間において55dB以下である。

[48] ①(2)で解説した騒音規制法に基づく規制基準である。本件においては、騒音規制法4条1項に基づく環境大臣の定める基準（「特定工場等において発生する騒音の規制に関

いる。しかし，環境基準はあくまで「維持されることが望ましい基準」であって，いわば政策目標であるから，本件騒音が環境基準を超過したからといって，直ちに受忍限度を超えるということはできない。また，本件施設は規制基準の適用を受けないから，本件騒音が規制基準を超過したからといって，直ちに受忍限度を超えるということはできない。

しかも，本件施設から発生する騒音は，環境基準と比較しても，わずか2ないし3dB超過しているにとどまるところ，この程度の差では人間の感覚的にはそれほど実感できないかもしれない旨の指摘がある。また，57ないし58dBという本件騒音の騒音レベルについては，普通会話と同程度で，好ましい騒音レベルの範囲内である旨の指摘もある。これらの点に照らすと，本件騒音は日常生活に重大な影響を及ぼすほどのものとはいえない。

加えて，原告らの各自宅室内での騒音レベルはさらに低減されている。

② 本件騒音の性質・種類

本件施設がフットサルのために使用される際に発生する騒音のうち特に音量が大きいのは，強く蹴ったボールが壁や柱に当たる音，ゴールの時などに聞こえる歓声，拍手であり，突発的，瞬間的に大きな音がするが，それ以外の時間帯において本件騒音から発生する騒音はそれほど大きなものではなく，また，子供が使用する場合に発生する騒音のうち問題となるのは，子供特有の高い声くらいである。これらの騒音は，原告らの自宅の屋外においても，通常の会話に支障を及ぼすほどのものではないし，これらの音を騒音と感じるか否かは主観的要素も大きく，誰もが不快に感じるような種類・性質のものであるとはいえない。

③ 原告らの被害の内容・程度

原告 X_3 は，本件騒音により精神的苦痛を受け，不安障害を発症した旨主張するが，かかる事実を認めるに足りる証拠はない。

する基準」）の範囲内において条例による規制基準が定められている。原告らの自宅および本件施設の所在地（都市計画法8条1項1号の第一種住居地域）における規制基準は，昼間（午前8時から午後7時まで）について55dB，夕（午後7時から午後10時まで）について50dBである。

原告 X_6 は，本件騒音により白血球の異常増加，重度の不眠症を発症した旨主張するが，かかる事実を認めるに足りる証拠はない。

さらに，その他の原告らも本件騒音によって精神的苦痛を受けている旨主張するが，本件施設の周辺住民のうち，被告に対して苦情を述べているのは原告らだけであることなどからすると，原告らが，本件騒音によって，日常生活に大きな影響を受けるほどの精神的苦痛を受けていたとは認め難い。

④ 本件の経緯，本件騒音低減のために被告が行ってきた措置等

被告は，本件施設について，本件訴訟提起前までの間に，数百万円の費用を支出して，壁の取付け，壁の内側へのネット張り，壁と床の間や柱へのスポンジ張りなどの防音対策をとってきた。また，本件訴訟においても，結果的には実現しなかったものの，相応の負担をして防音シート等を設置する旨の提案をしたほか，収入の減少につながるにもかかわらず，大きな大会の開催を取りやめるなどした。

このように，被告は，本件訴え提起の前後を通じて，相応の費用を支出して，本件騒音を低減するためのさまざまな措置を実施しまたはその実施を提案してきた。

⑤ 土地利用の先後関係，本件施設の公益性ないし社会的価値

原告らは，いずれも本件施設が建てられる以前から現住居地に居住しているが，これによって直ちに本件騒音が受忍限度を超えるということはできない。また，本件施設の公益性ないし社会的価値についてみると，被告は，本件施設をフットサル場として一般に貸し出して使用料を徴収する一方で，日系ブラジル人に対する日本語の語学教育や日本の生活習慣の教育のために学校を開設し，その体育の授業，サッカー大会等の行事に本件施設を使用しており，さらに，地域住民や外部の団体にも広く使用を認めているのであるから，本件施設は，一定程度の社会的価値の認められる施設である。

⑥ まとめ

以上を総合的に考慮すると，本件騒音は，本件施設が建てられた当時から現在に至るまでを通じて，受忍限度内にとどまるものであり，原告の差

止請求は棄却すべきである。

(3) 解　説

　本判決は、③で解説した名古屋地判平17・11・18判時1932号120頁（配送センターおよび冷凍基地施設の操業による騒音差止請求事件）とは結論が異なり、騒音は受忍限度を超えるものではないとした。本判決と名古屋地判平17・11・18判時1932号120頁の事案とを比較すると、騒音レベルの程度、騒音の性質・種類が大きく異なる。すなわち、名古屋地判平17・11・18判時1932号120頁の事案では、規制基準を10ないし20dB超える騒音であったのに対し、本件事案における騒音レベルは、原告X_1の自宅との敷地境界線上において、規制基準ではなく「維持されることが望ましい基準」である55dBをわずかに上回ったという程度にすぎない。また、名古屋地判平17・11・18判時1932号120頁の事案ではトラックの移動音やエンジン音等の誰もが騒音であると感じる性質の音が継続的に発生したのに対し、本件騒音はフットサルの競技に伴って発生する音や子供の高い声等の誰もが不快に感じる性質ではない音が突発的、瞬間的に発生したにすぎない。両事案における、騒音の量・質に関するこれらの差異が、受忍限度を超えるか否かの結論に大きく影響したものと考えられる。

　原告らの被害の程度について、本判決においては、本件騒音を原因として原告らの主張する被害が発生したと認めることはできないと判断された。騒音によって生ずる被害のうち、人の健康を害するものについては、ごく軽微なものを除き、他の要素を考慮にいれてもなお受忍限度を超えると判断される場合が多いと考えられるが、被害がその程度に至らない場合には、地域性、騒音規制法令上の規制値と現実の騒音との比較等、その他の要素が併せて考慮されることになると考えられる[49]。

　本判決においては、受忍限度を超えないことの理由として、本件施設の公共性ないし社会的価値が考慮されているが、受忍限度内か否かの判断にあたっては本件騒音の程度、性質や原告らの被害の内容、程度が重要であり、公共性は

---

[49] 佐藤陽一「騒音公害と不法行為責任」山口和男編『裁判実務大系16　不法行為訴訟法(2)』（青林書院、1987年）98頁～99頁、101頁。

受忍限度を超えないとの結論を導くにあたり，さほど重視されたものではないと考えられる。建設工事により発生する騒音に関する受忍限度の判断に関しても，工事の公共性は通常実務でしんしゃくされているものの，それ程過大視されていないとの指摘がなされている[50]。

---

[50] 佐藤陽一「騒音公害と不法行為責任」山口和男編『裁判実務大系16 不法行為訴訟法(2)』(青林書院，1987年) 98頁。

第3章　差止訴訟

第8節

大気汚染

1　大気汚染防止法の概要

　大気汚染の原因は，固定発生源（工場，発電所等）によるものと，移動発生源（自動車等）によるものとに大別される。大気汚染防止法は，固定発生源規制として，ばい煙排出規制，揮発性有機化合物の排出規制，粉じん規制，有害大気汚染物質対策を設け，移動汚染源対策として，自動車排出ガス対策を設けている。

　以下では，同法の規制のうち主なものを解説する。

(1)　ばい煙排出規制
①　排出基準

　ばい煙排出者は，ばい煙発生施設の排出口において排出基準（大気汚染防止法3条）に適合しないばい煙を排出してはならない（同法13条1項）。

　ばい煙とは，硫黄酸化物，ばいじんおよび有害物質（カドミウム，塩素，鉛，窒素酸化物等）である（同法2条1項，大気汚染防止法施行令1条）。これらを発生させる施設がばい煙発生施設であり，政令で指定されている（大気汚染防止法2条2項，大気汚染防止法施行令2条・別表第1）。

　排出基準には，通常適用される①一般排出基準（ばい煙発生施設ごとに国が定める基準。同法3条2項），施設集合地域の一定区域内の新設施設に①に代えて適用されるより厳しい基準である②特別排出基準（同法3条3項），③上乗せ排出基準（一般排出基準，特別排出基準では大気汚染防止に不十分な地域において，都道府県が条例によりばいじん，有害物質につき定めるより厳しい基準。同法4条

がある。なお，地方公共団体（都道府県に限らない）は，条例により，排出基準の対象となっていない物質・項目に係る規制や大気汚染防止法の規制対象外施設に対する規制を定めることもできる（同法32条）。

② 総量規制

上記の施設ごとの排出基準のみでは，施設が集中する地域において十分な大気汚染防止をすることができないという問題があることから，地域における総量規制制度が設けられている。

都道府県知事は，工場または事業場が集中している地域で，排出基準のみでは大気環境基準（環境基本法16条1項に基づく大気の汚染に係る環境上の条件についての基準）の確保が困難な地域において，指定ばい煙（硫黄酸化物，窒素酸化物。大気汚染防止法施行令7条の2）ごとに政令で定める指定地域内の大規模工場（特定工場等）に対し，指定ばい煙総量削減計画（大気汚染防止法5条の3）を作成し，同計画に基づき総量規制基準を定める（同法5条の2第1項）。新規施設にはさらに厳しい特別の総量規制基準を定めることができる（同条3項）。

硫黄酸化物に係る指定地域は，千葉県の千葉市等，東京都の特別区等，神奈川県の横浜市等，愛知県の名古屋市等，大阪府の大阪市等などの全国24区域であり，窒素酸化物に係る指定地域は，東京都の特別区等，神奈川県の横浜市等，大阪府の大阪市等の全国3区域である（大気汚染防止法施行令7条の3・別表第3の2・第3の3）。

指定ばい煙排出者は，特定工場等に設置されるすべてのばい煙発生施設の排出口から大気中に排出される当該指定ばい煙の合計量が，総量規制基準に適合しない指定ばい煙を排出してはならない（大気汚染防止法13条の2第1項）。

(2) 揮発性有機化合物の排出規制

揮発性有機化合物（Volatile Organic Compounds, VOC）は，トルエン，キシレンなど200種程度あり，ペンキの溶剤，接着剤，インク等に含まれている。揮発性有機化合物と人の健康被害とは定性的な関係はあるが，定量的な関係については科学的に確実といい切れない面があるとされていることから，揮発性有機化合物については，法規制のみならず，事業者の自主的取組みも組み合わ

せた排出抑制制度となっている（大気汚染防止法17条の3）[51]。

揮発性有機化合物の排出量が多く大気への影響が大きい施設（揮発性有機化合物排出施設。塗装施設，塗装用の乾燥施設，工場用洗浄施設等。大気汚染防止法2条5項，大気汚染防止法施行令2条の3・別表第1の2）が排出規制の対象となり，排出基準（大気汚染防止法17条の4）の遵守義務を負う（同法17条の10）。

規制されない事業者についても，揮発性有機化合物の排出を抑制する責務がある（同法17条の14）。

(3) 粉じん規制

粉じんとは，「物の破砕，選別その他の機械的処理又はたい積に伴い発生し，又は飛散する物質」をいい（大気汚染防止法2条8項），人の健康に係る被害を生じさせるおそれがある物質である「特定粉じん」（石綿（アスベスト）が指定されている）と，その他の「一般粉じん」に分かれる（同法2条9項，大気汚染防止法施行令2条の4）。

① 一般粉じん規制

一般粉じんの規制は濃度規制ではなく，一般粉じん発生施設に関する構造，使用・管理に係る省令基準の遵守義務があり（大気汚染防止法18条の3），たとえば集じん機が設置されていること，施設が一般粉じんが飛散しにくい構造の建築物内に設置されていることなどが義務付けられる（大気汚染防止法施行規則16条・別表第6）。一般粉じん発生施設とは，一般粉じんを発生・排出・飛散させ，大気汚染の原因となる施設をいい（大気汚染防止法2条10項），コークス炉，鉱物・土石の堆積場，ベルトコンベア，破砕機などが該当する（大気汚染防止法施行令3条・別表第2）。

② 特定粉じん規制

特定粉じん（石綿）の規制としては，「特定粉じん排出等作業」の規制がある。「特定粉じん排出等作業」とは，特定建築材料（特定粉じんを発生・飛散させる原因となる建築材料。吹付け石綿，石綿を含有する断熱材など。大気汚染防止法施行令3条の3）が使用されている建築物等を解体，改造，補修する作業のうち，

---

51 大塚BASIC 160頁。

作業場所から排出，飛散する特定粉じんが大気汚染の原因となるものをいう（大気汚染防止法2条12項，大気汚染防止法施行令3条の4）。この特定粉じん排出等作業を伴う建築工事の施工者は，作業にあたり省令の作業基準（大気汚染防止法18条の14）の遵守義務を負う（同法18条の18）。

日本の建築物には耐火目的等で多量の石綿が使用されてきたため，建築物の解体等に伴う石綿の飛散等による健康被害が強く懸念されていることから[52]，このような規制が設けられている。

(4) 有害大気汚染物質対策

有害大気汚染物質とは，継続的に摂取される場合には人の健康を損なうおそれがある大気汚染原因物質（大気汚染防止法2条13項），すなわち，低濃度での長期曝露による健康被害が懸念される大気汚染原因物質である。

有害大気汚染物質については，科学的知見が不十分であることから，自主的取組みをベースとした対策にとどまっている（同法18条の21）[53]。すなわち，有害大気汚染物質の排出抑制についての事業者の努力義務（同法18条の22），国・地方公共団体による，有害大気汚染物質による大気汚染状況の把握，事業者に対する情報の提供（同法18条の23・18条の24）などである。

(5) 自動車排出ガス対策

固定発生源による汚染は，施設を動かしている者に排出基準の遵守義務を課すことができるが，自動車の場合には不特定多数の発生源から排出され，また，発生源が移動することから，発生源の排出行為を直接に規制することは技術的に困難である。そこで，規制の方法としては，自動車の構造規制，交通規制という間接的な手段が中心となっている[54]。

自動車の構造規制については，環境大臣が自動車排出ガスの量の許容限度を定め（「自動車排出ガスの量の許容限度」昭和49年1月21日環境庁告示第1号で定められている），国土交通大臣はこれを確保できるように道路運送車両法の保安

52　越智207頁。
53　越智209頁。
54　大塚341頁。

基準を設定することとされている（大気汚染防止法19条1項・2項）。規制対象となる自動車排出ガスは，一酸化炭素，非メタン炭化水素，炭化水素，窒素酸化物，粒子状物質，粒子状物質中のディーゼル黒煙である（同告示）。

交通規制については，自動車排出ガスによる著しい汚染のおそれがある区域について大気中の自動車排出ガスの濃度を測定した結果，汚染が一定の濃度を超えていると認められる場合に，都道府県知事が都道府県公安委員会に道路交通法上の規制を要請すること（大気汚染防止法20条・21条）などが定められている。

以上のような大気汚染防止法上の制度のほかに，自動車に関する規制として，「自動車から排出される窒素酸化物及び粒子状物質の特定地域における総量の削減等に関する特別措置法」（以下「自動車NOx・PM法」という）等による規制がある。

2 裁判例——東京大気汚染公害差止等請求事件

大気汚染に関する差止請求訴訟には，固定発生源に関するもの，移動発生源に関するものそれぞれあるが，ここでは，移動発生源に関する著名な訴訟（道路公害訴訟）の1つである，東京地判平14・10・29判時1885号23頁（東京大気汚染公害差止等請求事件）を取り上げる[55]。同訴訟の争点は損害賠償請求も含め多岐にわたるが，ここでは差止請求に絞って解説することとする。

(1) 事　案

東京都23区内に居住または勤務する原告らが，東京都23区内の幹線道路（国道，首都高速道路，都道）を走行する自動車から排出される排気ガスにより，高濃度の有害物質を含む大気汚染にさらされ，健康被害を受け，生命の危険にさらされており，清浄な大気の下で健康に生活する権利，すなわち人格権およ

---

[55] 大気汚染防止法・条例や自動車NOx・PM法に基づく規制等により大気汚染は改善され，東京大気汚染公害差止等請求事件を最後に道路公害の大気汚染訴訟は係属していないが（越智214頁），移動汚染源に対する差止請求という，他の紛争類型と異なる特徴があることから，本節で取り上げることとした。

び環境権が侵害されていると主張して，道路管理者である国（国道），首都高速道路公団（首都高速道路），東京都（都道）および自動車メーカー7社を被告として，原告らの居住地等において，環境基準値を超える濃度の大気汚染物質（浮遊粒子状物質，二酸化窒素）の排出の差止めを求めた。原告らの請求の趣旨は，大要以下のとおりである。

> 被告らは，各自
> (1) 被告国，被告東京都および被告首都高速道路公団は，別冊道路目録記載の各道路（ただし，東京都23区内に存する部分に限る。以下「本件各道路」という）を自動車の走行の用に供することにより，
> (2) 被告自動車メーカー7社（以下「被告メーカーら」という）は，その自動車を製造・販売して，本件各道路を走行させることにより，
> それぞれ排出する下記の物質につき，原告らの居住地において，下記の数値を超える汚染となる排出をしてはならない。
>
> 記
>
> | 物　　質 | 数　　値 |
> |---|---|
> | 二酸化窒素 | 1時間値の1日平均値0.02ppm |
> | 浮遊粒子状物質
（粒径10μm以下のもの） | ① 1時間値の1日平均値0.10mg/m³
② 1時間値0.20mg/m³ |

(2) 裁判所の判断の概要

裁判所は，①原告らの差止請求の適法性および，②その当否について，以下のとおり判示し，①上記請求の趣旨に係る原告らの差止請求はいずれも適法であるとしたが，②自動車排出ガス中の二酸化窒素，浮遊粒子状物質等の大気汚染物質について，一定の数値を超える汚染濃度が形成されこれに一定期間曝露した場合には，高度の蓋然性をもって気管支ぜん息の発症，増悪等の健康被害が発生することを認めることはできない等として，差止請求を棄却した。

> ① 本件差止請求の適法性について
> 本件差止請求のような「原告の一定の権利，利益に対する違法な侵害状

態の発生を防止することを目的として，禁止されるべき被告の行為又は侵害防止のために行われるべき被告の行為を具体的に特定しないで，一定の種類の侵害の禁止を求める類型の請求，いわゆる抽象的不作為請求については，その侵害行為の発生源が被告の支配領域内にある場合には，当該発生源に関する資料，情報を有し，当該発生源に係る侵害行為の発生防止のための種々の方策を講ずる権限を有する被告に対し，その防止のための具体的な措置の実施を委ねるものとしても，被告に難きを強いるものとはいえない。したがって，当該侵害行為の発生源が被告の支配領域内にある場合において，原告が，被告による防御が可能な程度に，当該侵害行為の発生源及び防止されるべき侵害の結果を特定しているときには，請求の特定に欠けるものということはできない。」

　被告国らに対する本件差止請求は，被告国らが管理する「本件各道路（侵害行為の発生源）を煙源とする自動車排出ガス中の二酸化窒素及び浮遊粒子状物質について，原告らの居住地等において一定の数値を超える汚染濃度の大気汚染（侵害の結果）となる排出の差止めを求めるものであり，侵害行為の発生源と防止されるべき侵害の結果とが特定されているから，請求の特定に欠けるものとはいえない。」

　「また，被告メーカーらに対する本件差止請求は，被告メーカーらが製造，販売する自動車（侵害行為の発生源）が本件各道路を走行することにより発生する自動車排出ガス中の二酸化窒素及び浮遊粒子状物質について，原告らの居住地等において一定の数値を超える汚染濃度の大気汚染（侵害の結果）となる排出の差止めを求めるものであり，侵害行為の発生源と防止されるべき侵害の結果が特定されているから，請求の特定に欠けるものとはいえない。」「被告メーカーらの製造，販売した自動車が本件各道路を走行するか否かは，これを購入したユーザーの意思次第」であるが，「販売以前の製造の段階では，被告メーカーらの支配領域内にあり，自動車排出ガスによる健康被害の防止のための種々の方策を講ずることができるのであるから，被告メーカーらに対する本件差止請求は，これを不適法であると解することはできない。」

② 本件差止請求の当否について

「差止請求が認容されるためには，差止めを求める原告らの人格権を侵害する違法行為が，将来においても継続され，又は反復されることが高度の蓋然性をもって予測し得る場合であることが必要であるが，」本件差止請求は，「原告らの居住地における一定の数値（環境基準値等）を超える二酸化窒素及び浮遊粒子状物質の排出の差止めを求めるものである以上，当該差止めの基準となる大気汚染物質濃度を超える大気汚染が生じた場合には，当該差止めを求める原告らの健康被害（気管支ぜん息の症状の増悪）が発生し，その人格権が侵害されることが，高度の蓋然性をもって予測し得ることが証明されなければならないものというべきである。」

「原告らは，環境基準値等に係る数値をもって，本件差止めの基準値として主張するが，」「環境基準は，人の健康を保護する上で維持されることが「望ましい基準」であって，その数値（汚染濃度）を超えた場合には本件各疾病が発症し，又はその症状が増悪する等の健康被害が生ずるという，いわゆる閾値（いきち）として定められたものでない」ことは明らかであり，「また，本件において，環境基準値程度の汚染濃度の二酸化窒素及び浮遊粒子状物質に一定期間曝露したことにより，本件各疾病が発症し，又はその症状が増悪する高度の蓋然性が存在することを認める」証拠はないから，原告ら主張の上記基準値を採用することはできない（ルビは編集者注）。

本件では，①気管支ぜん息に罹患していること，②昼間12時間の自動車交通量が4万台を超え，大型車の混入率が相当高い幹線道路の沿道50m以内に居住していたこと等による自動車排出ガスへの曝露状況に置かれていたこと，③気管支ぜん息の発症，増悪の時期が，幹線道路の沿道に居住していた時期と重なるか，またはその直後であることを証明した場合には，当該幹線道路を煙源とする自動車排出ガスへの曝露により原告らが気管支ぜん息に罹患しまたはその症状が増悪したとの事実関係を是認し得る高度の蓋然性の存在が事実上推定され，この観点により検討すると，原告らのうち7名の損害賠償請求が認められる。しかしこれは，このような一定の基準となる事実が認められる原告らについて，本件各対象道路を煙源とする自動車排出ガスと気管支ぜん息の発症，増悪との間の因果関係の存在を

推認したものであって（ディーゼル排気微粒子を含むディーゼル排気若しくは二酸化窒素の吸入または両者の吸入が，幹線道路沿道地域に居住する者の気管支ぜん息の発症，増悪に深く関わるものと判断したものである），「自動車排出ガス中の特定の大気汚染物質（二酸化窒素，浮遊粒子状物質等）について，一定の数値を超える汚染濃度が形成され，これに一定期間暴露した場合には気管支ぜん息の発症，増悪等の健康被害が発生し得るとの知見，いわゆる閾値を認定した上で，上記因果関係を肯認したものではない。」

　この種の差止請求は，「不確定な要因（大気汚染の状況の変化，自動車交通量の変化等）が介在する将来の被害発生の予防を目的とするものであること，また，被告らに対し，特定の汚染物質につき一定の基準値を超える汚染濃度となる排出の禁止を求めるものであることにかんがみると，差止めの基準値については，当該大気汚染物質につき，当該数値を超える汚染濃度の大気に一定期間暴露した場合には被害発生の高度の蓋然性があることについて，医学的知見，疫学的知見等から十分に裏付けられ，証明される必要があるものというべきである。」

　「しかるに，本件においては，自動車排出ガス中の特定の大気汚染物質（二酸化窒素，浮遊粒子状物質等）について，一定の数値を超える汚染濃度が形成され，これに一定期間暴露した場合には，高度の蓋然性をもって気管支ぜん息の発症，増悪等の健康被害が発生するとの，信頼すべき知見の存在を認めるに足りる証拠はなく，」本件において因果関係を肯認された原告らについても，「一定期間の暴露が，気管支ぜん息の発症，増悪の原因となることが高度の蓋然性をもって予測し得る大気汚染物質の汚染濃度（閾値）を認めるに足りる証拠はない。」

　「したがって，差止めを求める原告らがその居住地における一定の数値を超える二酸化窒素及び浮遊粒子状物質の排出の差止めを求める本件差止請求は，本件全証拠を精査しても，その差止め基準となる大気汚染物質の上記汚染濃度を認定することができないから，結局，その理由がないといわざるを得ない。」

(3) 解　　説

　本判決は，道路管理者のみならず，自動車メーカーも被告とされたことが他の道路公害訴訟と異なる特徴である。また，最判平5・2・25判時1456号53頁（横田基地事件）等と同様，自動車メーカーに対するものも含め，一定の数値を超える濃度の大気汚染物質の排出の差止めを求める抽象的差止請求が適法と認められたことも特徴であるといえる。

　もっとも，本件の差止請求については，二酸化窒素および浮遊粒子状物質について，本件各道路を走行する自動車を排出源とするものについて原告らの居住地内に一定の基準値を超えて侵入させてはならないとする趣旨（排出量基準）なのか，他の排出源からのものと合わせて，原告らの居住地内に一定の基準値を超えて侵入させてはならないとする趣旨（総量基準）なのか，両者は現実には大きな差異をもたらすにもかかわらず，その意味内容が特定されていないという批判がある[56]。さらに，この基準値が排出量基準の趣旨であることを前提として強制執行（間接強制によると考えられる）を検討する場合，被告の履行の有無を確認するためには，本件各道路を走行する自動車からの二酸化窒素または浮遊粒子状物質の原告らの居住地内における排出濃度を測定しなければならないことになるが，それは現実的には不可能ではないかという問題も指摘されている。すなわち，原告らの居住地において二酸化窒素または浮遊粒子状物質の濃度を測定するにしても，その濃度から本件各道路を走行する自動車による影響以外の濃度（バックグラウンド濃度）を差し引かなければ，本件各道路からの排出濃度は明らかにならないところ，バックグラウンド濃度は，季節，時間帯，天候，風向き等の自然状況や他の排出源等の多くの要因によって左右されるため，上記の測定は現実的には不可能ではないかという指摘である[57]。このように，抽象的差止請求において求める請求の趣旨については，その明確性および強制執行の現実的可能性について十分に注意を払う必要があると考えられる。

　本判決は，本件各対象道路を走行する自動車排出ガスと気管支ぜん息の発症，増悪との間の因果関係を認め，原告らのうち一部について損害賠償請求を認め

---

[56]　都築政則「道路公害訴訟の概観」法律のひろば56巻6号10頁。
[57]　都築政則「道路公害訴訟の概観」法律のひろば56巻6号11頁。

たが,「ディーゼル排気微粒子を含むディーゼル排気若しくは二酸化窒素の吸入又は両者の吸入が,幹線道路沿道地域に居住する者の気管支ぜん息の発症,増悪に深く関わる」と認定したのみで,どの大気汚染物質にどの程度の濃度でどの程度の期間曝露した場合に発症,増悪に至るのか等の事実までは認定していない。本件の差止請求の趣旨は二酸化窒素および浮遊粒子状物質の排出差止めであるところ,このような事実を高度の蓋然性をもって証明できなかったことが,差止請求が棄却されたことの主たる理由となっている。

これに対し,神戸地判平12・1・31判時1726号20頁（尼崎公害訴訟）(**第2節**②(2)参照)は,国道43号線沿道50m以内に居住する気管支ぜん息患者の居住地で1日平均値0.15mg/m³以上の浮遊粒子状物質が測定される大気汚染を形成してはならないという限度で差止請求を認容した。同判決は,千葉大調査（都市部の沿道部の大気汚染は学童のぜん息の発症に関与し,増加させることが疫学的に示唆されるとした疫学調査）を根拠としつつ,気管支ぜん息の発症,増悪の原因物質をディーゼル排気粒子ないし浮遊粒子状物質とし,この千葉大調査における浮遊粒子状物質濃度を差止めの基準値として用いて,上記の限度で差止請求を認容したものである。これに対しては,大気汚染の疫学調査において,調査対象となった個人がどの程度汚染物質の曝露を受けたかを測定し評価することは非常に難しく,千葉大調査も,浮遊粒子状物質ないしディーゼル排気粒子の測定を行ったうえで濃度による地域設定を行って発症率等の比較を行ったものではないことから,千葉大調査を根拠としつつ,原因物質をディーゼル排気粒子ないし浮遊粒子状物質に絞ることには相当の無理があったとの批判や,そもそも千葉大調査を根拠に,調査対象地域とは異なる別の地域における差止めの基準を見出すことは困難であるとの批判がある[58]。

本判決（東京地判平14・10・29判時1885号23頁）は,この点を考慮して原因物質を特定せず,差止請求を棄却したものと考えられる。このような本判決の考え方に対しては,被害が発生していることは確かであり損害賠償請求を認めているにもかかわらず,一定期間の曝露が,気管支ぜん息の発症,増悪の原因となることが高度の蓋然性をもって予測し得る大気汚染物質の汚染濃度（閾値）

58　都築政則「道路公害訴訟の概観」法律のひろば56巻6号8頁,11頁。

が明らかになるまで健康被害の発生を放置することにほかならないとの批判がある[59]。大気汚染物質の差止めについては，一方で被害者救済の必要があることと，他方で被害発生の高度の蓋然性を肯定できる汚染濃度（差止めの基準値）の立証・認定の困難さがあることから，裁判例でも判断の分かれる難しい問題であるといえる。

　本件訴訟は，平成19年6月22日付東京高等裁判所第8民事部による和解勧告を契機に，同年8月8日，和解によって解決した。その骨子は，①被告東京都は，都内に引き続き1年以上住所を有する気管支ぜん息患者で，非喫煙者など一定要件を満たす者を対象として，当該疾病の保険医療に係る自己負担分相当額を助成する制度（医療費助成制度）を創設し，被告メーカーらがこの制度に33億円を連帯して拠出すること，②国土交通省，環境省，首都高速道路，東京都による環境対策の実施，③被告メーカーらによる総額12億円の原告らへの解決金の支払，④原告らと被告らとの間の連絡会の設置である[60]。

59　日本弁護士連合会編『ケースメソッド　環境法（第3版）』（日本評論社，2011年）110頁〜111頁。
60　池田直樹「大気をめぐる紛争」佐藤泉＝池田直樹＝越智敏裕『実務　環境法講義』（民事法研究会，2008年）74頁。

第9節

水質汚濁

1 水質汚濁防止法の概要

　水質汚濁防止に関する基本法として，水質汚濁防止法がある。同法は，工場・事業場からの排水および生活排水を規制対象とする。以下では，同法の規制のうち主なものを解説する。

(1) 排水規制
① 排水基準

　まず，特定施設を設置する工場・事業場（特定事業場）から河川，湖沼，港湾，沿岸海域などの公共用水域に排出される水（排出水）についての排水基準がある（水質汚濁防止法2条1項・2項・6項・3条）。特定施設とは汚水または廃液を排出する施設で政令で定めるものをいうが，幅広い業種の施設が対象とされている（同法2条2項，水質汚濁防止法施行令1条・別表第1）。排水基準（濃度規制）は環境省令で定められるが（水質汚濁防止法3条1項，排水基準を定める省令），都道府県はこの全国一律の濃度規制に代えて，これよりも厳しい上乗せ基準を適用することができる（同条3項）。

　特定事業場は，排水基準に適合しない排出水を排出することが禁じられている（同法12条1項）。

　なお，地方公共団体（都道府県に限らない）は，条例により，排水基準の対象となっていない物質・項目に係る規制や水質汚濁防止法の規制対象外施設に対する規制を定めることもできる（同法29条）。

② 総量規制

　排水基準は，濃度規制であるため希釈をすれば基準を達成できることとなるが，これでは総量としての汚染を防止することができないという問題がある。また，人口・産業等の集中により生活・事業活動に伴う排水が大量流入する地域において，個々の特定事業場が排水基準を守っていても，総体としては水質汚濁が進む状況が現われたことから，1978年に総量規制が導入された。

　総量規制においては，「人口及び産業の集中等により，生活又は事業活動に伴い排出された水が大量に流入する広域の公共用水域（ほとんど陸岸で囲まれている海域に限る。）」で，排水基準のみでは水質環境基準（環境基本法16条1項に基づく水質の汚染に係る環境上の条件についての基準）の確保が困難と認められる水域が，指定項目ごとに指定水域として規制対象となる（水質汚濁防止法4条の2第1項，水質汚濁防止法施行令4条の2）。具体的には，化学的酸素要求量（指定項目）に関し，東京湾，伊勢湾（指定水域）が，窒素・燐の含有量に関し，東京湾，伊勢湾，瀬戸内海（指定水域）が指定されている。そして，当該指定水域における指定項目に関する水質汚濁防止を図るため，指定水域の水質汚濁に関係ある地域が指定地域として定められている（水質汚濁防止法施行令4条の2）。

　環境大臣は，指定地域における指定項目ごとの汚濁負荷量の総量削減基本方針を定め（水質汚濁防止法4条の2），都道府県知事は，この総量削減基本方針に基づき，削減目標量を達成するための計画（総量削減計画）を定め（同法4条の3），同計画に基づき，さらに総量規制基準を定める（同法4条の5第1項）。総量削減基準は，指定地域内の特定事業場で環境省令により定める規模以上のもの（指定地域内事業場，同法4条の5第1項，水質汚濁防止法施行規則1条の4）に適用され，指定地域内事業場ごとの汚濁負荷量の許容限度として定められる（同法4条の5第3項）。

(2) 地下浸透水規制

　有害物質を製造・使用・処理する特定施設（有害物質使用特定施設）を設置する特定事業場（有害物使用特定事業場）から水を排出する者は，それを有害物質を含むものとして環境省令（水質汚濁防止法施行令6条の2）で定める要件

に該当する（一定の検定方法で検出される）形で地下に浸透させることが禁止されている（水質汚濁防止法2条8項・12条の3）。

(3) 生活排水対策

生活排水については，市町村による生活排水対策（生活排水の排出による公共用水域の水質の汚濁の防止を図るための必要な対策）としての生活排水処理施設の整備，都道府県による生活排水対策に係る広域にわたる施策の実施，国による援助等の行政の責務（水質汚濁防止法14条の5），生活排水対策に関する国民の協力（同法14条の6）などが定められている。このように，生活排水対策は，強制力を伴う排水規制および地下浸透水規制と異なり，非権力的手法により行われる。

2 裁判例—牛深市し尿処理場事件

水質汚濁による被害を理由に差止請求がなされた著名な事件として，牛深市し尿処理場事件（熊本地判昭50・2・27判時772号22頁）がある。

(1) 事　案

被申請人（熊本県牛深市）が牛深市の米淵湾入口から約200mに位置する本件予定地にし尿処理施設（本件施設）を建設することを計画し，その建設を準備していたところ，本件予定地付近に居住し，漁業または水産加工業に従事している申請人らが，し尿処理施設からの放流水による海水の汚染によって，申請人らの漁業・水産加工業が被害を受け，また，健康への被害が予想されるとして，漁業権・漁業権類似の権利，所有権・占有権，人格権，環境権に基づき，し尿処理施設の建設禁止の仮処分を求めた。

(2) 裁判所の判断の概要

裁判所は，本件施設と設計製造者および構造を同じくする施設が設計どおりの運転ができていない場合が多いことから，本件施設も設計どおりの運転がなされるとはいい難いこと，本件施設の立地条件等を検討したうえで，本件施設

からし尿処理水が放流されれば，米淵湾および同湾付近海域が汚染され，魚介類，藻類が減少・絶滅する蓋然性が高いと認定し，次のように判示した。

> 「本件施設から出る放流水によって米淵湾および同湾付近海域が汚染される結果，漁業その他生活上の被害を生じる蓋然性が高いと予測されるから，本件し尿処理場の設置は永年漁場および生活の場として米淵湾およびその付近海域とともに生きてきた申請人らをして，その居住地，住居を生活の場として利用することを困難とさせるに等しく，このような場合には，たとえ本件予定地に建設されるものが本件施設のように公共性の高いものであっても，その建設を許容すべき特別の事情がない限り，受忍限度を越える違法なものとして建設差止が認められるべきであると解するのが相当である。」

そして，上記の「特別の事情」があるかどうかについて，次のとおり検討した。

> 「本件施設の目的は，牛深市民の生活環境の保全，公衆衛生の向上であるから，公共性を有するものであって，その趣旨はもとより尊重されるべきであるけれども，本件のように，清澄な海に棲息する魚介類を対象とする漁業が現に行われ，かつ住民の健康に悪影響が予想される場所にし尿処理場を設置しようとする場合においては，被申請人において，設置予定の施設が真実海水汚濁の最低基準を守る性能を有するものであるかどうかを精査するほか，少なくとも，本件予定地付近海域の潮流の方向，速度を専門的に調査研究して，放流水の拡散，停滞の状況を的確に予測し，また同所に棲息する魚介類，藻類に対する放流水の影響について生態学的調査を行い，これらによって本件施設が設置されたときに生ずるであろう被害の有無，程度を明らかにし，その結果により，現在の素掘り投棄の方法よりはたして公害の発生が低いといえるかどうかを厳密に検討し，そのうえで，本件予定地に本件施設を建設する以外適当な方法がないと判明した場合にはじめて，その調査結果に基づき具体的な被害者に対する補償問題等も含めて，住民を説得する等の措置をとるべきである。けだし，申請人らの生活およびその環境の保全，公衆衛生の向上を図ることも，また行政主体た

る被申請人の義務であり，さらに，本件施設によって利益を受けるのは申請人らを除く牛深市民，換言すれば，その行政主体である被申請人であるから，利益を受ける被申請人において前記調査等の措置をなすべきは事理の当然というべきだからである。しかるに，本件においては，被申請人が前記のような当然なすべき調査をしたうえで，その結果を踏まえて交渉をしたとの疎明はないのであって，このような場合は被申請人に前認定の被害が生じたとしても，それは，いわば被申請人の行政の不手際により生じたと見るべきであり，そのしわよせを申請人らが甘受しなければならないいわれはないというべきである。

　したがって，以上諸般の事情に鑑みれば，被申請人には米淵部落の申請人らの犠牲において本件施設の建設を許容すべき特別な事情があるとはいえないというべきである。」

　裁判所は，以上より，申請人らのうち本件予定地に最も近い地域に居住している23人については，「本件施設により漁業および健康上の被害を受け，居住地，住居を生活の場として利用することが困難となる蓋然性が高く，その被害は受忍すべき限度を超える」として，本件施設の建設の差止め（禁止）を認めた。

(3) 解　説

　本件は，差止請求に関する多くの裁判例と同様，受忍限度論を採用したうえで，し尿処理施設からの放流水によって周辺の海が汚染され，周辺住民が漁業および健康上の被害を受ける高度の蓋然性があるとして建設の差止めを認めたものである。

　し尿処理施設や，次節で扱う廃棄物処理施設など，社会的有用性はあるものの周辺住民から嫌われる嫌悪施設に対し，周辺住民が被害の発生を事前に抑止するために建設差止仮処分申立て・訴訟提起をすることがあり，裁判例も多数存在する。施設が操業を開始した後に有害物質が排出され，住民の健康被害等が発生するおそれがあることが差止請求の主な理由とされている。

　建設が予定・計画されている施設の建設・操業の差止めを求める場合には，現実に生じた被害ではなく予想される被害を基準に判断することになるが，差

止請求権を根拠付ける被害は，単に発生の可能性があるというものだけでは足りず，それが発生する高度の蓋然性がなければならない[61]。この点につき本判決は，本件施設と設計製造者および構造を同じくする施設の実状や立地条件などから，本件施設が建設されて稼働すれば，周辺の海が汚染されて住民が漁業および健康上の被害を受ける蓋然性が高いと判断した（なお，本件では漁業権・漁業権類似の権利，所有権・占有権，人格権，環境権を根拠として差止めの仮処分が申し立てられたが，裁判所が差止めの根拠としていずれの権利を根拠としたかは明らかではない）。

　本判決において注目すべきもう1つの点は，公共性の高い施設を建設する場合であっても，住民の健康への悪影響が予想される場合には，環境影響調査とその調査結果に基づく住民への説得等を実施すべきであるとし，本件においてこれらが実施されていなかったことを差止めを肯定する根拠としたことである。

　これに関連して，本判決よりも後の1997年（平成9年）に環境影響評価法が制定されている。環境影響評価法においては，道路，ダム，鉄道，空港，発電所，廃棄物最終処分場等に関する事業のうち規模が大きく環境に著しい影響を及ぼすおそれがあり，かつ，国が許認可等を行う事業等について，事業者が環境影響評価[62]を行うことが義務付けられ（環境影響評価法2条），環境影響評価の結果を許認可等の審査に反映させる仕組みとなっている（同法33条）。この環境影響評価法に基づく制度の存在が民事差止訴訟にどのような影響を及ぼすかが問題となるが，環境影響評価法が「環境影響の程度が著しいものとなるおそれがある事業」（同法1条）を対象としている以上，環境影響評価手続の実施が必要となる事業であるにもかかわらず，その手続に不実施または重大な不備があった場合には，民事差止めにおける被害発生の蓋然性の証明が事実上推定され，それだけで差止請求が認容されるという見解もある[63]。

61　若林弘樹「いわゆる嫌忌施設に関連した建設差止めの仮処分の問題点」門口正人＝須藤典明編『新・裁判実務大系13　民事保全法』（青林書院，2002年）219頁。

62　「環境影響評価」とは，事業の実施が環境に及ぼす影響について環境の構成要素に係る項目ごとに調査，予測および評価を行うとともに，これらを行う過程においてその事業に係る環境の保全のための措置を検討し，この措置が講じられた場合における環境影響を総合的に評価することと定義されている（環境影響評価法2条1項）。

63　大塚283頁。

本判決で問題となったし尿処理施設は，環境影響評価法の対象となる事業には含まれていない。しかし，同法の対象とされていない事業についても，条例で環境影響評価その他の手続に関する事項を定めることができ（同法61条1号），現に，多くの地方自治体が環境影響評価条例を制定し，一定能力以上のし尿処理施設等を環境影響評価の対象としている[64]。条例上，し尿処理施設の建設に際して環境影響評価の実施が求められるにもかかわらず，これを実施せずまたは重大な不備がある場合には，上記と同様の議論があてはまると考えられる。

---

[64] 北河隆之「牛深し尿処理場事件―環境影響調査と公共施設の建設差止め」百選61頁。

第10節

廃棄物処理施設

1　廃棄物処理法の概要

　廃棄物処理法は，廃棄物の排出を抑制し，廃棄物の適正な処理をすること等により，生活環境の保全および公衆衛生の向上を図ることを目的とする（同法1条）。廃棄物は，適正な処理がなされずに廃棄されれば，虫や悪臭が発生し，公衆衛生の悪化を招く。また，廃棄物の収集・運搬，処分の過程において適正な処理がなされなければ，騒音・悪臭等の発生，大気汚染・水質汚濁が起こり，生活環境や自然の破壊につながる。このように，廃棄物の適正な処理は環境の保全に不可欠である。

　以下では，廃棄物処理法の規制のうち主なものを紹介する。

(1)　廃棄物
　廃棄物とは，「ごみ，粗大ごみ，燃え殻，汚泥，ふん尿，廃油，廃酸，廃アルカリ，動物の死体その他の汚物又は不要物であって，固形状又は液状のもの」をいい，放射性物質等を含まない（廃棄物処理法2条1項）。また，土壌も含まれない。

　廃棄物は，産業廃棄物と一般廃棄物に分かれる。産業廃棄物は，事業活動に伴って生じた廃棄物のうち燃え殻，汚泥，廃油，廃酸，廃アルカリ，廃プラスチック類その他政令（廃棄物処理法施行令2条）で定める廃棄物，および，輸入された廃棄物等をいう（廃棄物処理法2条4項）。一般廃棄物は産業廃棄物以外の廃棄物をいう（同法2条2項）。

　また，一般廃棄物または産業廃棄物のうち，「爆発性，毒性，感染性その他

第3章　差止訴訟

の人の健康又は生活環境に係る被害を生ずるおそれがある」廃棄物をそれぞれ特別管理一般廃棄物，特別管理産業廃棄物という（廃棄物処理法2条3項・5項）。特別管理一般廃棄物には，廃家電のポリ塩化ビフェニル（PCB）を利用する部品，廃水銀等があり（廃棄物処理法施行令1条），特別管理産業廃棄物には，廃油，廃ポリ塩化ビフェニル（PCB），廃水銀等がある（廃棄物処理法施行令2条の4）。その有害性，危険性から，特別な処理基準が定められている。

(2)　廃棄物の処理

　一般廃棄物については，市町村が一般廃棄物処理計画を定め，同計画に従って，一般廃棄物を処理（収集，運搬，処分）する責任を負う（廃棄物処理法6条・6条の2）。処理を民間に委託することもできる。

　産業廃棄物については，排出事業者が自ら処理する責任を負うが（同法11条1項・3条1項），産業廃棄物処理業者へ処理を委託することもできる（同法12条5項）。

　処理に関しては，収集・運搬・処分に関する基準（一般廃棄物について，廃棄物処理法6条の2第2項，廃棄物処理法施行令3条，産業廃棄物について，同法12条1項，廃棄物処理法施行令6条），処理業者に対する委託基準（一般廃棄物について，廃棄物処理法6条の2第2項，廃棄物処理法施行令4条，産業廃棄物について，廃棄物処理法12条5項・6項，廃棄物処理法施行令6条の2）を遵守する義務がある。加えて，産業廃棄物については保管基準が定められている（廃棄物処理法12条2項，廃棄物処理法施行規則8条）。

(3)　廃棄物処理業の許可制度

　廃棄物の処理は，収集運搬と処分とに大別され，処分には最終処分（廃棄物を最終的に自然界に捨てること（埋立処分と海洋投入処分を含む）と中間処理（最終処分の前段階で廃棄物を生活環境の保全上問題ない状態に変化させること）がある。

　一般廃棄物，産業廃棄物について，それぞれ収集運搬業，処理業につき許可が必要である（廃棄物処理法7条1項・6項，14条1項・6項）。許可要件としては，施設および申請者の能力がその事業を的確かつ継続的に行うに足りるもの

として環境省令に定める基準に適合するものであることなどが定められている（廃棄物処理法7条5項・10項，14条5項・10項）。

(4) 廃棄物処理施設の規制

　一般廃棄物処理施設，産業廃棄物処理施設の設置には都道府県知事の許可が必要である（廃棄物処理法8条・15条）。

　産業廃棄物の最終処分場は投入する廃棄物の性質によって，安定型，管理型，遮断型に分けられる。安定型処分場は，基本的に素掘りの穴に埋め立てる処分場で，遮水工をもたず，産業廃棄物のうち，安定型産業廃棄物（安定型5品目。①廃プラスチック類，②ゴムくず，③金属くず，④がれき類，⑤ガラスくず，コンクリートくずおよび陶磁器くず（廃棄物処理法施行令6条1項3号イ））のみの処分が認められる。管理型処分場は，安定型産業廃棄物以外の廃棄物を処分するため，生活環境への悪影響を防止するための高度な設備が求められる。遮断型は有害な重金属やPCB等を埋め立てるため，水の出入りが生じないよう厳格に管理されている[65]。

　許可要件としては，施設の設置に関する計画が環境省令の定める技術上の基準に適合していること，申請者の能力が処理施設の設置および維持管理を的確かつ継続的に行うに足りるものとして環境省令で定める基準に適合していることなどが定められている（廃棄物処理法8条の2第1項・15条の2第1項）。後者の能力要件については，知識，技能のほか，経理的基礎が求められる（廃棄物処理法施行規則4条の2の2・12条の2の3）。

　廃棄物処理施設の設置の許可を受けた者は，施設が許可の技術上の基準に適合しているかについて定期検査を受けなければならない（廃棄物処理法8条の2の2・15条の2の2）。また，施設の維持管理は，技術上の基準および設置者の維持管理に関する計画に従って行われる（同法8条の3・15条の2の3）。

---

[65] 越智243頁～244頁。

2 裁判例—産業廃棄物最終処分場建設・操業等差止請求事件

(1) 事　案

　千葉地判平19・1・31判時1988号66頁および同判決の控訴審判決である東京高判平21・7・16判時2063号10頁は，千葉県内に産業廃棄物管理型最終処分場（「本件処分場」）の建設・使用・操業を予定している産業廃棄物処理業者（「Y」）に対し，地域住民ら（「X」）が，本件処分場が建設・使用・操業されると，本件処分場から有害物質が流出し，飲料水および生活用水として利用している地下水が汚染され，これにより健康被害を被る等と主張して，本件処分場の建設・使用・操業の差止めを求めた事案である。

(2) 裁判所の判断の概要

- 第1審判決および控訴審判決は，差止請求の法的根拠が人格権であることを示したうえで，産業廃棄物最終処分場の建設，使用および操業の差止めが認められるためには，①有害物質が本件処分場に搬入され，②搬入された有害物質が本件処分場外に流出し，③流出した有害物質がXのもとに到達し，④Xの利益が侵害される蓋然性が認められる必要があるとした。
- 第1審判決・控訴審判決ともに，本件処分場に搬入される予定の産業廃棄物は人体に有害なダイオキシン類を含む燃え殻，ばいじん等であることから①を認めた。また，本件処分場から有害物質が流出した場合には地下水が汚染されると認定したうえで，その地下水がXの井戸に到達し，Xがこれを飲用水として利用することにより，有害物質がXのもとに到達し，その生命・身体に重大な影響を及ぼすと判断して，③および④も認めた。
- 本件で主要な争点となったのは②である。具体的には，ア）本件処分場の技術的安全性，イ）Yによる本件処分場の維持管理計画が十分か，ウ）

Yが本件処分場を適切に維持管理する経済的基盤を有しているか[66]等が争点となった。

- 第1審判決は，ア）につき本件処分場の技術的安全性を認め，イ）につきYによる本件処分場の維持管理計画は適切であると判断したが，ウ）について，Yに本件処分場の維持管理能力があるとは認められず，産業廃棄物と接触した水（浸出水）が本件処分場から漏出する蓋然性があるため，②が認められるとし，結論として，Xによる差止請求を認容した。これに対し，Yが控訴審において主張および証拠を追加提出したこと等により，控訴審判決はウ）の点について第1審判決の判断を変更し，差止請求を棄却した。

- 第1審判決と控訴審判決で判断の結論が逆転した②ウ）（Yが本件処分場を適切に維持管理する経済的基盤を有しているか）については，Yの事業計画，収支計画の合理性が問題となった。第1審判決は，Yが本件処分場の営業許可を受けるにあたり必要となる融資を受ける見込みが立っていないこと，Yによる本件処分場の補修費用見込みに疑問があること，Yの今後10年間の収入見込みについても確実性に乏しいこと等から，Yの事業計画・資金収支には大きな疑問があり，Yは本件処分場を適切に維持管理する経済的基盤を有しないと判断した。

これに対し，Yは控訴審において多数の主張および証拠を追加した。たとえば，Yは，融資予定者による融資内諾証明書および融資予定者の預金残高証明書を証拠として提出した。これを受けて控訴審裁判所は，Yが融資を受けることができると認定した。また，Yは新たな事業計画書・事業収支計算も証拠として提出した。これについて，控訴審裁判所

---

[66] 廃棄物処理法15条の2第1項3号は，産業廃棄物処理施設の設置許可の要件の1つとして，「申請者の能力がその産業廃棄物処理施設の設置に関する計画及び維持管理に関する計画に従って当該産業廃棄物処理の設置及び維持管理を的確に，かつ，継続して行うに足りるものとして環境省令で定める基準に適合するものであること。」と定め，廃棄物処理法施行規則12条の2の3第2号は，この基準について，「産業廃棄物処理施設の設置及び維持管理を的確に，かつ，継続して行うに足りる経理的基礎を有すること。」と定めている。産業廃棄物処理業者が産業廃棄物処理施設を適切に維持管理する経済的基盤を有しているかについては，産業廃棄物処理施設の設置許可にあたっても重要な問題となる。

は，本件処分場の所在する千葉県においては大量の産業廃棄物が発生しており，産業廃棄物最終処分場の現実的必要性はなお存在する，千葉県における産業廃棄物の受入料金の平均と比較するとYによる産業廃棄物受入料金（これがYの収入の基礎となる）の設定は不合理なものでないとして，Yの事業計画および事業収支計算の合理性を肯定した。このほか，控訴審裁判所はYが関係企業から出資や役員の派遣を受けることができること等を認定し，Yは本件処分場を適切に維持管理する経済的基盤を有していると結論付けた。

(3) 解　説

　廃棄物処理施設の建設・操業の差止請求についても，施設が操業を開始した後に有害物質が排出され，住民の健康被害等が発生するおそれがあることがその主な理由とされる。

　本判決でも問題とされたように，有害物質が飲用水に混入し，近隣住民の健康被害が発生する高度の蓋然性が証明される場合には，差止めが認められる。差止めの可否の判断にあたっては，本判決でも争点とされたように，汚染物質の①廃棄物処理施設への搬入，②廃棄物処理施設からの漏出，③差止訴訟を提起する原告への到達が問題となる。管理型処分場の場合，②については地質（透水性），遮水工の施工・寿命・破損，施設の汚水処理能力や管理運営能力，設置者の資力等が，③では水の利用状況（井戸水，水道水，農業用水）や場所的関係・地形的条件等が考慮される。法は，種々の規制を設けて汚染物質の漏出防止を図っているから，十分な汚染防止施設があり，②漏出のおそれがないと判断されれば，差止請求は棄却される[67]。

　本件訴訟では，施設の技術的安全性のみならず，その安全性を将来にわたって維持することができる維持管理計画，経済的基盤の十分さが主要な争点となった。これは，産業廃棄物処理施設に限らず，有害物質を流出させる危険性のある施設の建設・操業差止請求においても同様に争点となり得るものである。経済的基盤の有無については，事業者の財務状況や融資の見込みも含めた事業

---

[67] 越智271頁。

計画の合理性が問題となる。本件の控訴審判決からすると，設置予定地域における施設の必要性の程度や想定される収入・支出を踏まえ，将来にわたって実現可能性の高い事業計画を策定し，この点につき訴訟で主張・立証をすることができるかが重要であると考えられる。

なお，控訴審判決に対しては，Xが上告したものの，最高裁が上告を棄却したため，Y勝訴の判決が確定した。しかし，行政訴訟において，最高裁が本件処分場の設置許可処分を取り消した東京高判平21・5・20裁判所HP〔平成19年（行コ）299号〕に対する県知事の上告を棄却したため，結果として本件処分場の建設は中止された[68]。このように，環境訴訟には民事訴訟（住民と事業者間の訴訟）と行政訴訟（住民と行政庁間の訴訟）があり，民事訴訟において差止請求が棄却されても，行政訴訟において施設の設置許可処分が取り消されれば，当該施設の設置・操業はできないこととなる。

---

68 大坂恵理「産業廃棄物最終処分施設差止請求事件」百選161頁。

事項索引

あ行

アスベスト ······················ 15, 55, 72, 138
慰謝料 ···················· 32, 44, 71, 81, 106
石綿 ······························ 15, 55, 72, 138
逸失利益 ·································· 44, 71
一般廃棄物 ····························· 155, 156
違法性 ·· 39
違法性段階説 ································· 81
因果関係 ····························· 41, 42, 49
──の推定 ································ 42
訴えの利益 ···································· 103
疫学的因果関係論 ························ 9, 42

か行

加害者不明の共同不法行為 ············ 51
確率的因果関係論 ··························· 43
確率的心証論 ································· 43
瑕疵担保責任 ················ 13, 16, 24, 31, 34
過失 ·· 8, 36
過失相殺 ·· 70
仮処分命令 ································ 85, 86
仮の地位を定める仮処分 ··············· 85
環境 ··· 2
環境影響評価法 ···························· 153
環境権 ···································· 77, 153
環境訴訟 ······································ 2, 5
間接強制 ·· 79
関連共同性 ································ 49, 50
期間制限特約 ································· 25
危険責任の法理 ······························ 38
起訴命令制度 ································· 88
揮発性有機化合物の排出規制 ······· 137
行政訴訟 ·························· 5, 6, 89, 100
行政不服審査 ·················· 5, 6, 89, 100
共同不法行為 ································· 49

共同不法行為責任 ····················· 14, 47
金銭賠償 ·· 45
景観 ··· 105
景観権 ·································· 106, 112
景観侵害 ······································ 105
景観法 ·· 105
景観利益 ························ 77, 107, 115, 118
契約不適合 ···································· 29
原告適格 ······························· 101, 103
原子力損害の賠償に関する法律 ··· 14, 38, 69
建築禁止仮処分命令申立て ··········· 92
権利・利益侵害 ······························ 39
故意 ·· 8, 36
公害健康被害補償制度 ··················· 71
鉱業法 ····················· 14, 38, 45, 66, 69, 72
工作物責任 ································ 14, 60
工事協定 ·· 96

さ行

裁決 ··· 101
財産的損害 ···································· 44
再審査請求 ··································· 101
債務不履行 ···································· 30
債務不履行責任 ······························ 30
差止請求権 ···································· 76
産業廃棄物 ····························· 155, 156
執行停止 ······································ 104
自動車 NOx・PM 法 ···················· 140
自動車から排出される窒素酸化物及び
　粒子状物質の特定地域における総量
　の削減等に関する特別措置法 ········ 140
受忍限度 ········· 40, 91, 94, 99, 108, 127, 134
受忍限度論 ········· 9, 39, 80, 86, 91, 93, 98, 99,
　　　　　　　　　　113, 119, 127, 128, 152
証明度の軽減 ································· 41
消滅時効 ···································· 25, 72

将来の損害賠償請求 …………… 61, 64, 65
除斥期間 ……………………… 9, 24, 25, 72
人格権 ……… 76, 85, 128, 140, 150, 153, 158
審査請求 ……………… 89, 101, 103, 104
信頼利益 ……………………………… 24
水質汚濁 …………………………… 8, 148
水質汚濁防止法 ………… 3, 14, 38, 68, 148
精神的損害 …………………………… 32
説明義務違反 ……………… 13, 30, 33
船舶油濁損害賠償保障法 ……… 14, 38, 70
騒音 ………………………………… 8, 124
騒音規制法 ……………………… 125, 130
相関関係説 ……………………… 39, 112
相当の設備 …………………………… 37
総量規制 ………………………… 137, 149
即時抗告 ……………………………… 88
疎明 ………………………………… 86, 87
損害 …………………………………… 44
損害賠償の範囲 ……………………… 24

た行

大気汚染 …………………… 8, 136, 140
大気汚染防止法 ……… 3, 14, 38, 67, 69, 136
代金減額請求権 ……………………… 29
担保 …………………………………… 87
地下浸透水規制 …………………… 149
抽象的差止請求 ………………… 77, 145
懲罰的損害賠償 ……………………… 44
眺望利益 ……………………… 118, 120
追完請求権 …………………………… 29
強い関連共同性 ……………… 49, 53, 60
土壌汚染 ……………………… 8, 16, 31
土壌汚染対策法 …………………… 3, 24
取消訴訟 ……………………… 100, 102

な行

日照権 ……………………………… 91, 130
日照妨害 ……………………………… 89

は行

ばい煙排出規制 …………………… 136
廃棄物 ……………………………… 155
廃棄物処理業 ……………………… 156
廃棄物処理施設 …………… 155, 157, 160
廃棄物処理法 …………………… 3, 155
排出基準 …………………………… 136
賠償額の減額 ………………………… 71
排水基準 …………………………… 148
排水規制 …………………………… 148
日影規制 ……………… 89, 91, 99, 101, 103
非財産的損害 ………………………… 44
必要的審尋 …………………………… 87
被保全権利 ………………… 85, 86, 87, 88
表明保証 ……………………………… 34
表明保証違反 ……………………… 13, 34
風評被害 ……………………………… 45
不可分一体論 ………………………… 82
複数汚染源の差止め ………………… 83
不服審査請求 ………………………… 5
不服申立適格 ……………………… 101
不法行為責任 …………… 13, 14, 33, 36
文書提出命令 ………………………… 83
粉じん規制 ………………………… 138
平穏生活権 …………………………… 76
包括一律請求 ………………………… 44
保証金 ………………………………… 87
保全異議 ……………………………… 88
保全取消し …………………………… 88
保全の必要性 ……………… 85, 86, 87, 88

ま行

無過失責任 ………………… 9, 16, 38
免責特約 ……………………………… 26
門前理論 ……………………………… 42

や行

弱い関連共同性 ……………… 49, 53, 60

ら行

履行利益 …………………………………… 24
類推適用 …………………………………… 71

判例索引

【大審院】

大判大 5 ・12・22民録22輯2474頁〔大阪アルカリ事件〕……………………………… 14, 37
大判大11・ 4 ・ 1 民集 1 巻155頁………………………………………………………………… 25

【最高裁判所】

最判昭43・ 4 ・23民集22巻 4 号964頁〔山王川事件〕………………………… 14, 48, 52, 59
最判昭47・ 6 ・27民集26巻 5 号1067頁…………………………………………………………… 91
最判昭50・10・24民集29巻 9 号1417頁〔東大ルンバール事件〕……………………………… 41
最判昭53・ 3 ・14民集32巻 2 号211頁…………………………………………………………… 101
最判昭56・12・16民集35巻10号1369頁〔大阪国際空港事件〕……………… 15, 39, 41, 44, 61, 82
最判昭59・10・26民集38巻10号1169頁…………………………………………………………… 103
最判昭60・ 7 ・16民集39巻 5 号989頁……………………………………………………… 101, 102
最判昭62・ 7 ・10民集41巻 5 号1202頁…………………………………………………………… 71
最判平元・ 2 ・17民集43巻 2 号56頁……………………………………………………………… 103
最判平 4 ・ 6 ・25民集46巻 4 号400頁……………………………………………………………… 71
最判平 4 ・10・20民集46巻 7 号1129頁…………………………………………………………… 24
最判平 5 ・ 2 ・25民集47巻 2 号643頁〔厚木基地騒音公害訴訟〕………………………… 39, 64
最判平 5 ・ 2 ・25判時1456号53頁〔横田基地事件〕…………………………………… 78, 145
最判平 6 ・ 3 ・24判時1501号96頁……………………………………………… 14, 80, 127, 128
最判平 7 ・ 7 ・ 7 民集49巻 7 号1870頁〔国道43号線事件（損害賠償請求）〕…………… 39
最判平 7 ・ 7 ・ 7 民集49巻 7 号2599頁〔国道43号線事件（差止請求）〕………… 40, 80, 82
最判平 8 ・10・29民集50巻 9 号2474頁…………………………………………………………… 71
最判平12・ 7 ・18判時1724号29頁〔長崎原爆被爆者事件〕…………………………………… 41
最判平13・11・27民集55巻 6 号1311頁…………………………………………………………… 25
最判平16・ 4 ・27民集58巻 4 号1032頁〔筑豊じん肺訴訟〕…………………………………… 72
最判平16・ 8 ・30民集58巻 6 号1763頁…………………………………………………………… 86
最判平16・10・15民集58巻 7 号1802頁〔水俣病関西訴訟〕…………………………………… 72
最判平18・ 3 ・30民集60巻 3 号948頁〔国立マンション事件〕……………… 77, 79, 109, 122
最判平18・ 6 ・16判タ1220号79頁〔予防接種 B 型肝炎発症事件〕………………………… 72
最判平19・ 5 ・29判時1978号 7 頁〔新横田基地事件〕…………………………………… 44, 63
最判平22・ 6 ・ 1 民集64巻 4 号953頁〔ふっ素事件〕………………………… 13, 17, 23, 29, 33
最判平28・12・ 8 裁判所HP〔平成27年（受）2309号〕………………………………… 44, 64

【高等裁判所】

名古屋高金沢支判昭47・ 8 ・ 9 判タ280号182頁〔イタイイタイ病事件〕……………… 38, 42

名古屋高金沢支判昭49・8・9判時674号25頁〔イタイイタイ病事件〕………………66
東京高決昭51・11・11判時840号60頁………………………………………………119
東京高判昭60・3・26判時1151号24頁………………………………………………100
名古屋高判昭60・4・12判時1150号30頁………………………………………………78
東京高判昭62・7・15判時1245号3頁〔横田基地騒音公害訴訟〕……………………76
福岡高宮崎支判昭63・9・30判時1292号29頁〔土呂久事件第1次訴訟〕………66, 71
名古屋高金沢支判平元・5・17判時1322号99頁………………………………………45
東京高判平元・8・30判時1325号61頁…………………………………………………80
大阪高判平4・2・20判時1415号3頁〔国道43号線事件〕………………………78, 81
東京高決平12・12・22判時1767号43頁………………………………………………115
東京高判平14・6・7判時1815号75頁…………………………………………………115
東京高判平16・10・27判時1877号40頁〔国立マンション事件〕…………………108
東京高判平17・9・21判時1914号95頁…………………………………………………45
東京高判平17・11・30判時1938号61頁〔新横田基地事件〕…………………………63
東京高判平20・9・25金判1305号36頁〔ふっ素事件〕………………………………18
東京高判平21・5・20裁判所HP〔平成19年（行コ）299号〕……………………161
東京高判平21・7・16判時2063号10頁〔産業廃棄物最終処分場建設・操業等差止請求事件〕
　………………………………………………………………………………………158
大阪高判平22・3・5　LEX/DB25501505……………………………………………61
広島高岡山支判平24・6・28　LLI/DBL06720346……………………………………33
大阪高判平25・7・12判時2200号70頁…………………………………………………33
大阪高判平26・3・6判時2257号31頁〔クボタ事件〕…………………………15, 67

【地方裁判所】

富山地判昭46・6・30判タ264号103頁……………………………………………38, 42
新潟地判昭46・9・29判時642号96頁〔新潟水俣病事件〕………………………37, 42
大阪地岸和田支決昭47・4・1判時663号80頁〔和泉市火葬場事件〕………………40
津地四日市支判昭47・7・24判時672号30頁〔四日市ぜんそく損害賠償請求事件〕
　……………………………………………………………………………14, 38, 42, 48, 52
熊本地判昭48・3・20判タ294号108頁〔熊本水俣病第1次訴訟〕……………………37
熊本地判昭50・2・27判時772号22頁〔牛深市し尿処理場事件〕……………………150
名古屋地判昭55・9・11判タ428号86頁〔名古屋新幹線事件〕……………………… 40
大阪地判昭59・2・28判タ522号221頁〔多奈川火力発電所事件〕…………………… 42
大阪地判昭62・3・26判タ656号203頁…………………………………………………65
千葉地判昭63・11・17判タ689号40頁〔千葉川鉄事件〕……………………………… 42
東京地決平2・6・20判時1360号135頁〔建築工事禁止仮処分申立事件〕…………98
大阪地判平3・3・29判時1383号22頁〔西淀川事件第1次訴訟〕……15, 50, 53, 54, 67, 68
東京地判平4・2・7判時臨増〔平成4年4月25日〕3頁〔水俣病東京訴訟〕………43
東京地判平4・10・28判タ831号159頁…………………………………………………25
横浜地川崎支判平6・1・25判タ845号105頁〔川崎大気汚染公害事件第1次訴訟〕

判例索引

....53, 54, 67
岡山地判平6・3・23判タ845号46頁〔倉敷大気汚染公害事件〕............53, 54
大阪地判平6・7・11判時1506号5頁〔水俣病関西訴訟〕..................43
大阪地判平7・7・5判時1538号17頁〔西淀川事件第2次〜第4次訴訟〕.....83
熊本地決平7・10・31判タ903号241頁...................................76
高松地判平8・12・26判時1593号34頁....................................32
神戸地判平12・1・31判時1726号20頁〔尼崎公害訴訟〕..............78, 146
東京地八王子支決平12・6・6 LEX/DB28071410........................115
名古屋地判平12・11・17判時1746号3頁〔名古屋南部大気汚染公害訴訟〕...67
長崎地判平12・12・6判タ1101号228頁〔大韓民国籍タンカーのオーソン号に関する事件〕
....70
東京地決平13・12・4判時1791号3頁....................................115
東京地八王子支判平14・5・30判時1790号47頁〔新横田基地事件〕.........63
仙台地判平14・6・4裁判所HP〔平成10年(行ウ)13号〕...................21
東京地判平14・9・27 LEX/DB28080755.................................24
東京地判平14・10・29判時1885号23頁〔東京大気汚染公害差止等請求事件〕......76, 140, 146
東京地判平14・12・18判時1829号36頁〔国立マンション事件〕.............107
東京地判平15・5・16判時1849号59頁....................................31
名古屋地判平17・11・18判時1932号120頁〔配送センターおよび冷凍基地施設の操業による騒音差止請求事件〕..127, 134
東京地判平18・1・17判時1920号136頁〔アルコ事件〕.....................35
東京地判平18・1・26判時1951号95頁....................................45
東京地判平18・2・27判タ1207号116頁...................................45
東京地判平18・4・19判時1960号64頁〔東海村JCO臨界事故風評事件〕......45
横浜地判平18・7・27判時1976号85頁....................................45
東京地判平18・9・5判時1973号84頁.................................25, 31
千葉地判平19・1・30判時1988号66頁〔産業廃棄物最終処分場建設・操業等差止請求事件〕
....158
東京地八王子支判平19・6・15訟月57巻12号2820頁......................114
東京地判平19・7・25金判1305号50頁〔ふっ素事件〕......................18
東京地判平19・10・25判時2007号64頁...................................30
大阪地判平20・1・31判例集未登載〔平成16年(ワ)14737号損害賠償請求事件〕...30, 33
東京地判平20・1・31判タ1276号241頁..................................119
東京地判平20・5・12判タ1292号237頁..................................115
東京地決平21・1・28判タ1290号184頁..................................116
横浜地小田原支決平21・4・6判時2044号111頁〔建物建築禁止仮処分命令申立事件〕...119
京都地判平22・10・5判時2103号98頁...................................116
さいたま地熊谷支判平24・2・20判時2153号73頁〔スポーツセンターから発生する騒音の差止請求事件〕..131
横浜地判平24・5・25訟月59巻5号1157頁............................15, 55

東京地判平24・9・24判タ1404号166頁 …………………………………………… 117
東京地判平24・9・25判時2170号40頁 ……………………………………………… 26
東京地判平24・12・5判時2183号194頁 ………………………………………… 15, 56
福井地判平26・5・21判時2228頁72頁 …………………………………………… 74
福岡地判平26・11・7裁判所HP〔平成23年（ワ）4275号，平成24年（ワ）4492号，
　平成25年（ワ）1433号〕…………………………………………………………… 15, 56
東京地判平27・8・7判時2288号43頁 …………………………………………… 22, 24
大阪地判平28・1・22判タ1426号49頁 ………………………………………… 15, 57, 60
京都地判平28・1・29判時2305号22頁 ………………………………………… 15, 57, 60

《著者紹介》

山崎　良太（やまさき　りょうた）

〔略　歴〕
平成11年　東京大学法学部卒業
平成12年　弁護士登録（第二東京弁護士会）
現在　　　森・濱田松本法律事務所パートナー弁護士

〔主要著書〕
『製品事故・不祥事対応の企業法務　実例からみた安全確保・安心提供の具体策』（民事法研究会，2015年，共著）
『DES・DDSの実務（第3版）』（金融財政事情研究会，2014年，共著）
『倒産法全書（上）（下）（第2版）』（商事法務，2014年，共著）
『経営者保証ガイドラインと融資実務Q&A』（銀行研修社，2014年，共著）
『銀行窓口の法務対策4500講I～V』（金融財政事情研究会，2013年，共著）
他多数

川端　健太（かわばた　けんた）

〔略　歴〕
平成17年　慶應義塾大学法学部卒業
平成19年　東京大学法科大学院修了
平成20年　弁護士登録（第二東京弁護士会）
現在　　　森・濱田松本法律事務所弁護士

〔主要著書〕
『ケース・スタディ　消費者トラブル対応の実務』（新日本法規出版，2011年，共著）
『製品事故・不祥事対応の企業法務　実例からみた安全確保・安心提供の具体策』（民事法研究会，2015年，共著）

長谷川　慧（はせがわ　さとし）

〔略　歴〕
平成18年　早稲田大学法学部卒業
平成20年　東京大学法科大学院修了
平成21年　弁護士登録（第二東京弁護士会）
本書執筆時　森・濱田松本法律事務所所属弁護士

〔主要著書・論文〕
「更新料条項が消費者契約法10条により無効とされるかについて最高裁として初めての判断を示した最二判平成23・7・15について」NBL958号6頁（共著）
『銀行員のためのコンプライアンスガイド（七訂版）』（第二地方銀行協会，2015年，共著）

企業訴訟実務問題シリーズ
環境訴訟

2017年4月25日　第1版第1刷発行

編　者	森・濱田松本法律事務所
著　者	山　崎　良　太
	川　端　健　太
	長　谷　川　　慧
発行者	山　本　　　継
発行所	㈱中　央　経　済　社
発売元	㈱中央経済グループパブリッシング

〒101-0051　東京都千代田区神田神保町1-31-2
電話　03 (3293) 3371 (編集代表)
　　　03 (3293) 3381 (営業代表)
http://www.chuokeizai.co.jp/
印刷／昭和情報プロセス㈱
製本／㈱関川製本所

©2017
Printed in Japan

＊頁の「欠落」や「順序違い」などがありましたらお取り替えいたしますので発売元までご送付ください。(送料小社負担)

ISBN978-4-502-22321-1　C3332

JCOPY〈出版者著作権管理機構委託出版物〉本書を無断で複写複製（コピー）することは，著作権法上の例外を除き，禁じられています。本書をコピーされる場合は事前に出版者著作権管理機構（JCOPY）の許諾を受けてください。
JCOPY〈http://www.jcopy.or.jp　eメール：info@jcopy.or.jp　電話：03-3513-6969〉

平成26年改正をふまえたリニューアル版

新・会社法実務問題シリーズ 全10巻

―― 森・濱田松本法律事務所［編］

好評発売中

第1巻 定款・各種規則の作成実務［第3版］
藤原総一郎・堀 天子

好評発売中

第2巻 株式・種類株式［第2版］
戸嶋浩二

好評発売中

第3巻 新株予約権・社債［第2版］
安部健介・峯岸健太郎

好評発売中

第4巻 株主総会の準備事務と議事運営［第4版］
宮谷 隆・奥山健志

好評発売中

第5巻 機関設計・取締役・取締役会
三浦亮太

好評発売中

第6巻 監査役・監査委員会・監査等委員会
奥田洋一・石井絵梨子・河島勇太

好評発売中

第7巻 会社議事録の作り方
　　　――株主総会・取締役会・監査役会［第2版］
松井秀樹

好評発売中

第8巻 会社の計算［第2版］
金丸和弘・藤津康彦

好評発売中

第9巻 組織再編［第2版］
菊地 伸・石綿 学・石井裕介・小松岳志・髙谷知佐子・
戸嶋浩二・峯岸健太郎・池田 毅

未刊

第10巻 会社訴訟・非訟・仮処分
太子堂厚子

中央経済社

過去の裁判例を基に，代表的な訴訟類型において
弁護士・企業の法務担当者が留意すべきポイントを解説！

企業訴訟
実務問題シリーズ

森・濱田松本法律事務所［編］

◆ **企業訴訟総論**　　　　　　　　　　　　　　　好評発売中
　難波孝一・稲生隆浩・横田真一朗・金丸祐子

◆ **証券訴訟** ——虚偽記載　　　　　　　　　　　好評発売中
　藤原総一郎・矢田　悠・金丸由美・飯野悠介

◆ **労働訴訟** ——解雇・残業代請求　　　　　　　好評発売中
　荒井太一・安倍嘉一・小笠原匡隆・岡野　智

◆ **インターネット訴訟**　　　　　　　　　　　　好評発売中
　上村哲史・山内洋嗣・上田雅大

◆ **税務訴訟**　　　　　　　　　　　　　　　　　好評発売中
　大石篤史・小島冬樹・飯島隆博

◆ **独禁法訴訟**　　　　　　　　　　　　　　　　好評発売中
　伊藤憲二・大野志保・市川雅士・渥美雅之・柿元將希

◆ **環境訴訟**　　　　　　　　　　　　　　　　　好評発売中
　山崎良太・川端健太・長谷川　慧

—以下，順次刊行予定—

◆ **会社法訴訟** ——株主代表訴訟・株式価格決定
　井上愛朗・渡辺邦広・河島勇太・小林雄介

◆ **消費者契約訴訟** ——約款関連
　荒井正児・松田知丈・増田　慧

◆ **システム開発訴訟**
　飯田耕一郎・田中浩之

中央経済社